_____ 드림

모락모락 테이블의 쌀베이킹 과자 레시피 52

쌀구움과자

모락모락 테이블의 쌀베이킹 과자 레시피 52

쌀구움과자

초판 1쇄 발행 2020년 6월 26일
초판 2쇄 발행 2020년 7월 16일

지은이 장여진 · 채미희

발행인 장상진
발행처 경향미디어
등록번호 제313-2002-477호
등록일자 2002년 1월 31일

주소 서울시 영등포구 양평동 2가 37-1번지 동아프라임밸리 507-508호
전화 1644-5613 | **팩스** 02) 304-5613

ⓒ장여진 · 채미희

ISBN 978-89-6518-308-2 13590

모락모락 테이블의 쌀베이킹 과자 레시피 52

RICE BAKING

쌀구움과자

• 장여진·채미희 지음 •

경향미디어

prologue

쌀가루 만지는 일을 오랫동안 해 왔습니다. 쌀가루로 떡을 만드는 일을 하면서 쌀가루로 과자를 만들 수는 없을지 궁금해했어요. 쌀가루에 물을 주고 뜨거운 김에 올려서 만드는 떡은 유통기한이 하루밖에 안 되어서 아쉬웠거든요. 오래전에 미국으로 이민 간 분들이 고국의 떡이 그리워 오븐에 구워 만들었다는 LA 찹쌀파이(오븐 찰떡파이라고도 불러요.)는 떡인데도 유통기한이 3일 정도 돼요. 이처럼 쌀가루로 과자를 구우면 떡보다 유통기한이 더 길어져요.

아토피나 알레르기 때문에 밀가루를 못 먹는 분들이 꽤 있지요. 딸아이 친구들 중에도 그런 경우가 있어서 아이 간식만큼은 밀가루가 아닌 쌀가루로 만들어 주었어요. 떡을 할 때처럼 물에 불려 빻은 습식 쌀가루는 수분감이 많아 오븐에 굽기가 어려워서, 물에 불리지 않고 빻은 건식 쌀가루로 구움과자를 만들었어요. 그런데 어떤 재료로 만들었는지 말해 주지 않으면 아무도 밀가루인지 쌀가루인지 눈치채지 못하더라고요.

조금 더 맛있는 쌀구움과자를 만들고 싶어서 제과학원을 다니며 오랜 시간 동안 공부하고 다양한 쌀가루로 만들어 보며 주변 사람들과 나눠 먹었습니다. 아토피가 있는 딸아이 친구들도 함께 먹고 즐거워해서 무척 행복한 시간이었어요.

테스트는 쉽지만은 않았습니다. 쌀가루 종류별로 비교해 보고 싶어서 처음에는 시중에 나온 모든 쌀가루로 일일이 과자를 만들어 보고 특징을 정리했습니다. 그런데 만들다 보니 보다 건강한 쌀구움과자를 위해 한살림 쌀가루와, 만들었을 때 완성도가 높은 대두식품 박력쌀가루를 주로 이용하게 되었어요. 이 책에 대표 구움과자인 마들렌, 피낭시에, 파운드케이크에 각각의 쌀가루로 만든 비교 사진을 실었으니 참고해서 원하는 쌀가루로 만들어 보세요.

제과학원을 다닐 때 만난 동기도 쌍둥이 아이를 키우고 있었기에 함께 좀 더 맛있게 만들어 보겠다고 가루를 바꿔 가며 작업했던 쌀구움과자 레시피들을 이번에 책으로 소개하게 되었어요. 오랜 시간 쌀가루로 떡을 만들던 저에게 쌀가루로 베이킹을 하는 작업은 새로운 도전이었어요.

우리나라 전통 재료를 이용하여 과자를 만들고 싶은 생각에 잣, 곶감, 대추, 인삼, 감태를 이용해 새로운 레시피도 개발했습니다. 전통 재료들은 기대 이상으로 베이킹과 잘 어울린답니다. 요즘에는 베이킹하는 분들도 검정깨, 콩가루, 쑥 등 전통 재료를 사용하기도 하지만 제가 쌀구움과자를 시작하던 초기에는 드물었거든요.

이 책이 베이킹에 처음 도전하는 분들 그리고 쌀가루를 이용해 구움과자를 굽는 분들에게 도움이 되기를 바랍니다.

책 작업을 하는 동안 엄마랑 시간을 많이 보내지 못한 서윤이에게 미안하고 고맙습니다. 제가 하고 싶은 일을 적극 지원해 주는 남편에게도 고마운 마음을 전합니다.

함께 작업한 미희, 메뉴와 레시피 고민을 함께 해 준 미엘케이크의 미연 언니, 테스트한 구움과자를 맛보고 의견을 나눠 준 오렐리의 송이쌤과 다히쌤에게도 고마움을 전합니다.

장여진

저희 아이들은 엄마가 해 주는 쿠키와 빵들을 어려서부터 아주 좋아하며 잘 먹어 주었습니다. 그런 아이들에게 좀 더 건강한, 아토피 걱정 없이 먹을 수 있는 베이킹을 해 주고 싶었습니다. 이번 책을 만들면서 아이들이 안심하고 먹을 수 있는 레시피를 만든다는 생각에 행복했습니다.

밀가루로 하는 베이킹은 오랜 시간 해 왔지만 여러 가지 쌀가루로 테스트하고 레시피를 수정하는 일은 쉽지 않았어요. 쌀과 어울리는 전통 재료들을 사용하고 싶어서 새로운 도전도 많이 했는데, 만들고 보니 다행히 베이킹과 너무 잘 어울려서 무척 뿌듯합니다.

혼자 하는 작업이라면 많이 버거웠을 텐데 모락모락쌤과 함께할 수 있어서 잘해 낼 수 있었어요. 항상 감사한 마음이에요.

이 책이 베이킹을 처음 시작하는 분들과, 베이킹은 해 봤지만 쌀베이킹에 처음 도전하는 분들에게 좋은 동반자가 될 수 있길 바랍니다.

책을 쓰는 동안 아이들을 잘 돌봐 주신 친정부모님, 그리고 옆에서 항상 응원해 준 신랑에게 감사의 말을 전하고 싶습니다.

바쁜 엄마를 둔 저의 두 딸에게도 항상 고맙고, 사랑한다고 얘기해 주고 싶어요.

끝으로, 책을 잘 마칠 수 있도록 인도해 주신 하나님께도 감사의 기도를 드립니다.

채미희

Contents

PART 1
마들렌

PART 2
피낭시에

PART 3
쿠키

PART 4
파운드케이크

PART 5
머핀

PART 6
다쿠아즈

PART 8
타르트

PART 7
구움찰떡

PART 9
스콘

쌀구움과자를 만들 때 필요한 도구

1 : 실리콘 주걱 :

반죽을 정리하거나 재료를 섞을 때 사용해요. 가장자리는 부드럽지만
주걱의 가운데 부분은 힘이 있는 주걱이 사용하기에 편해요. 재료의 양,
믹싱볼의 크기에 따라 다양한 크기를 준비하면 편리하게 사용할 수 있
어요.

2 : 거품기 :

달걀을 풀어 주거나 흰자의 거품을 낼 때 혹은 버터나 크림치즈를 부드
럽게 풀어 줄 때 사용해요. 풍성한 머랭을 내야 할 때, 버터를 크림화할
때는 핸드믹서가 편하지만 흰자나 달걀을 가볍게 풀어 줄 때는 거품기
를 사용하세요.

3 : 핸드믹서 :

달걀흰자로 풍성한 머랭을 만들 때나 버터를 크림화할 때 사용해요.
저속부터 고속으로 사용할 수 있는데, 달걀 머랭을 조밀하게 낼 때는
저속으로 사용하세요. 반죽에 따라 속도를 조절해 사용하세요.

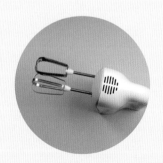

4 : 스크래퍼 :

완성된 반죽을 자를 때, 반죽을 자르듯 섞을 때 사용해요. 끝이 둥근 제
품은 볼 안에서 사용할 수 있어 편리해요.

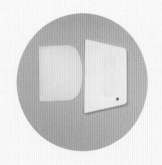

5 : 믹싱볼 :

반죽을 할 때 사용해요. 유리볼, 스테인리스볼 등 재질도 다양하고 크
기도 다양해요. 크기별, 높이별로 준비하면 사용하기 편리해요.

6 : 체 :

덩어리진 가루를 풀어 줄 때 사용해요. 가루 종류는 체에 쳐서 사용하
세요. 밀가루와 부재료(코코아가루, 말차가루)를 곱게 쳐서 내리는 용
도, 액체(유자청)를 거르거나 장식용 슈가파우더를 뿌리는 용도로 작
은 체를 하나 정도 준비하세요.

7 : 전자저울 :

재료를 준비하기 위해 꼭 필요한 도구예요. 정확하게 계량해야 맛있는
과자를 만들 수 있어요. 1g 단위로 측정 가능한 것이 좋아요. 저울에
따라서 최대 용량이 다르니 갖고 있는 볼의 무게에 따라 준비하세요.

8 : 푸드 프로세서 :

스콘 반죽을 만들 때 사용하면 편리해요. 밀가루에 차가운 버터를 넣
고 섞을 때, 견과류를 잘게 다질 때 사용해요.

9 : 냄비 :

냄비의 바닥이 두꺼운 편이 재료가 타지 않아서 좋아요. 반면에 온도
가 오래 유지되어 잔열로 재료가 변형될 수 있으니 주의하세요.

10 : 밀대 :

쿠키 반죽을 납작하게 만들거나, 타르트 반죽 등을 얇게 밀 때 사용해요.

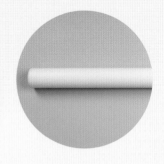

11 : 붓 :

반죽 위에 달걀물을 바르거나, 완성된 과자에 시럽을 바를 때, 틀에 버
터를 바를 때 사용해요. 실리콘 붓은 두꺼워 고루 바르기 힘드나 세척
과 보관이 편리해요. 일반 붓은 털이 빠질 수 있으나 모가 얇고 부드러
워 균일하게 바르기 좋아요. 털이 빠지지 않는 붓으로 고르세요.

12 : 온도계 :

반죽의 온도나 시럽의 온도를 확인할 때 사용해요.

13 : 테프론 시트 :

구운 쿠키나 반죽이 잘 떨어지고 타지 않도록 도와줘요. 실리콘 소재
로 씻어서 다시 사용할 수 있어 편리해요.

14 : 실리콘 매트 :

실리콘 소재여서 내구성이 좋고 열에 강해요. 테프론 시트보다 두껍고 무거워 작업대에 놓고 반죽할 때 사용해요.

15 : 유산지 :

반죽이 틀에 들러붙지 않도록 팬에 깔거나 틀에 맞게 재단해 넣어 사용해요. 테프론 시트와 달리 1회용이에요.

16 : 각봉 :

반죽을 일정한 높이로 밀어 줄 때 사용해요. 두께와 높이가 다양하니 과자 종류에 따라 알맞은 높이로 사용해 주세요.

17 : 쿠키 커터 :

반죽을 일정한 모양으로 자르기 위해 사용해요. 쿠키나 스콘을 만들 때, 타르트 바닥을 만들 때도 편리하게 사용할 수 있어요.

18 : 팁(깍지) :

쿠키 반죽이나 크림을 짤 때 짤주머니에 끼워 사용해요. (로미아스 쿠키 - 853k / 바통 쿠키 - 804 / 다쿠아즈 필링 - 805, 806, 867k / 타르트 몽블랑 팁 - 234)

19 : 짤주머니 :

반죽을 틀에 넣을 때 짤주머니를 이용하면 깔끔하게 넣을 수 있어요. 여러 번 사용할 수 있는 천으로 만들어진 제품과 1회용 비닐 짤주머니가 있어요.

20 : 마들렌틀 :

마들렌을 구울 때 사용하는 틀이에요. 예전에는 조개 모양이었으나 요즘은 토끼, 곰돌이 모양 등 다양하게 나와요. 버터칠을 꼼꼼하게 해서 사용하세요.

21 : 피낭시에틀 :

피낭시에를 구울 때 사용하는 틀이에요. 일반적으로는 금괴 모양이지만 이 책에서는 타원형 틀(오발틀)과 사각 뿌찌틀을 사용했어요.

22 : 파운드틀 / 실리콘틀 :

파운드케이크를 구울 때 사용하는 틀이에요. 다양한 크기와 다양한 모양이 있지만 이 책에서는 오란다틀과 미니 파운드틀을 사용했어요. 실리콘틀을 사용하면 파운드케이크 등 구움과자를 다양한 모양으로 구울 수 있어요. 실리콘 소재여서 보관하기 편리해요. 사용하기 전에 버터칠을 꼼꼼하게 해 주세요.

23 : 머핀틀 :

머핀을 구울 때 사용하는 틀이에요. 6구, 12구 등 다양한 종류가 있으며 크기도 다르니 반죽 양에 따라서 사용하세요.

24 : 뿌찌틀 :

사각형 또는 원형의 틀이에요. 틀의 크기가 작아 한 입 크기로 만들 때 좋아요. 이 책에서는 피낭시에와 구움찰떡을 만들 때 사용했어요.

25 : 다쿠아즈틀 :

다쿠아즈를 구울 때 사용하는 틀이에요. 오븐팬에 테프론 시트를 깔고 틀을 올려 다쿠아즈 반죽을 짠 뒤 틀은 제거한 후 반죽을 구워요. 알루미늄이나 아크릴로 만들어진 제품이 있어요. 요즘은 다양한 모양의 틀이 나와서 원하는 모양으로 구울 수 있어요.

26 : 타르트틀 :

타르트를 구울 때 사용하는 틀이에요. 테두리가 주름 모양이거나 사각형, 원형 등 다양한 모양과 크기가 있어요. 이 책에서는 테두리에 주름이 없는 틀을 사용했어요.

27 : 식힘망 :

구운 쿠키나 케이크를 식힐 때 사용해요.

쌀구움과자를 만들 때 필요한 재료

가루류

1 : 박력쌀가루 :

멥쌀가루를 곱게 제분한 가루예요. 이 책에서는 주로 박력쌀가루를 사용했어요.

2 : 한살림 멥쌀가루 :

멥쌀가루를 제분한 가루예요. 박력쌀가루보다 입자가 굵어 완성된 제품의 식감이 거칠고 부풀어 오르는 힘이 약합니다. 이 책에서는 주로 박력쌀가루와 제품 비교용으로 사용했어요.

3 : 습식 찹쌀가루 :

구움찰떡을 만들 때 사용했어요. 건식 찹쌀가루는 완성된 제품의 식감이 조금 단단하여 물에 불려 빻은 습식 찹쌀가루로 만들었어요. 습식 찹쌀가루를 구매하거나 빻을 때에는 꼭 소금간이 된 제품으로 준비하세요. 혹시 소금간이 되어 있지 않다면 습식 찹쌀가루 100g당 소금 1g을 넣어 주세요.

4 : 현미 멥쌀가루 :

껍질과 함께 제분하여 조금 더 거칠고 구수한 맛이 있어요. 이 책에서
는 다쿠아즈 시트를 구울 때 사용했어요. 마들렌이나 피낭시에를 구울
때 사용하면 식감이 까끌거리지만 구수한 맛으로 먹을 수 있어요.

5 : 아몬드가루 :

아몬드를 곱게 갈아 가루로 만든 거예요. 아몬드가루를 넣으면 반죽이
촉촉하고 고소한 풍미가 더 좋아져요. 특히 쌀가루로 만드는 베이킹의
경우 아몬드가루를 넣어 만들면 반죽이 조금 더 부드러워져 식감이 좋
아요. 시판하는 아몬드가루를 살 때에는 밀가루가 들어 있지 않은 아
몬드 100%로 만들어진 것으로 준비하세요.

6 : 설탕 / 슈가파우더 :

설탕의 종류는 다양한데 주로 백설탕을 사용해요. 깔끔한 단맛을 내고
싶을 때는 백설탕을 사용하고, 과자에 풍미를 주고 싶을 때에는 유기농
설탕이나 비정제 설탕, 흑당을 사용하면 좋아요. 슈가파우더는 입자가
고와 쿠키의 식감을 부드럽게 만들어 주어요.

설탕

유기농 설탕

원당(비정제 설탕)

슈가파우더

7 : 소금 :

반죽에 소금을 넣어 구움과자의 간을 맞출 수 있어요. 소금은 대비 작
용으로 단맛이 더 잘 나기도 하고 끝 맛을 깔끔하게 만들어 주어요. 특
히 습식 찹쌀가루를 사용할 때는 소금간이 된 가루로 준비하세요.

8 : 꿀 / 물엿 :

보습성이 좋아 반죽에 넣으면 반죽을 촉촉하게 해 주어요. 꿀을 넣어 반죽하면 구움색이 조금 더 짙게 나요.

꿀   물엿

9 : 조청 :

쌀과 엿기름으로 만들어서 특유의 향과 풍미를 갖고 있어요. 물엿보다 되직하고 끈적이기 때문에 반죽의 결합력을 높이기에 좋으나 자칫하면 반죽이 끈적일 수 있으니 주의해야 해요. 파운드케이크보다는 수분 감이 적은 쿠키에 더 잘 어울려요.

10 : 베이킹파우더 / 베이킹소다 :

반죽에 넣어 과자를 부풀리는 대표적인 화학 팽창제예요. 베이킹파우더는 탄산수소나트륨이 주성분으로 열을 가하면 분해되면서 이산화탄소를 발생시켜 부풀게 해요. 너무 많이 넣으면 쓴맛이 나니 주의하세요. 밀가루로 만드는 과자일 때에는 보통 3~5% 넣으나 글루텐이 없는 쌀가루로 만들 때에는 조금 더 넣어 주는 게 좋아요. 베이킹소다는 100% 탄산수소나트륨으로 만들어졌어요. 베이킹파우더에 비해 쓴맛이 강한 편이에요. 반죽에 베이킹파우더와 함께 조금 넣어 반죽의 부풀림을 좋게 만들어요.

베이킹파우더   베이킹소다

11 : 달걀 :

가루 재료가 잘 섞이도록 도와주고 구움과자와 케이크가 촉촉하고 부
드럽게 구워지는 역할을 해요. 보통 달걀 1개는 흰자 30g, 노른자 20g
정도로 구성되어 있어요.

우유 　　　　　　　　生크림

12 : 우유 / 생크림 :

반죽에 고소한 풍미를 더할 때 사용
해요. 구움과자를 조금 더 촉촉하게
만들고 구움색을 내는 작용을 해요.

13 : 버터 :

우유의 유지방을 분리해 크림을 만들고 엉기게 한 후 응고시켜 만들어
요. 우유에서 분리한 크림에 젖산균을 넣어 발효해서 만든 발효버터도
있어요. 발효버터는 산도가 높고 향과 풍미가 좋아 구움과자를 더 맛
있게 만들 수 있어요. 구움과자를 만들 때에는 주로 무염버터를 사용
해요. 이 책에서는 고메버터를 사용했어요.

14 : 초콜릿 :

구움과자를 만들 때는 주로 가공하지 않은 커버처 초콜릿을 사용해요.
종류로는 다크, 밀크, 화이트 초콜릿이 있어요. 중탕으로 녹여서 반죽
에 넣기도 하고, 초코칩 대용으로 잘게 다져서 반죽에 바로 넣어 사용
하기도 해요.

15 : 검정깨가루 :

볶은 검정깨를 갈아 만들어요. 검정깨가루 대신에 검정깨 페이스트를
쓸 수도 있어요.

16 : 볶은 콩가루 :

인절미 고물로 많이 사용하는 가루예요. 집에서 직접 볶아서 만들기는
어려우며 떡집이나 마트, 베이킹몰에서 쉽게 구할 수 있어요.

17 : 말차가루 :

녹차잎으로 만든 가루예요. 색이 선명하고 맛이 진한 제품으로 고르는
것이 좋아요. 이 책에서는 제주도 유기농 말차가루를 사용했어요.

18 : 쑥가루 :

쑥을 말려 만든 가루예요. 봄이 아닌 계절에도 쓸 수 있어서 좋아요. 쑥
은 섬유질이 많아 몽실몽실한 가루 형태도 있으니 체에 내려가지 않는
가루도 반죽에 모두 넣어 만들어 주세요. 이 책에서는 한살림 쑥가루
를 사용했어요.

19 : 코코아가루 :

설탕이나 분유가 들어가 있지 않은 코코아가루를 사용하면 구움과자
를 조금 더 맛있게 구울 수 있어요.

20 ： 커피가루 ：

커피 맛을 내고 싶을 때에는 인스턴트커피가루를 사용하면 좋아요. 프림과 설탕이 섞이지 않은 블랙 인스턴트커피로 준비하세요.

21 ： 단호박가루 ：

단호박을 건조시켜 만든 가루예요. 찐 단호박을 넣기에 수분이 많은 반죽일 경우에는 가루를 넣는 것이 좋아요. 만드는 구움과자가 촉촉할 때에는 찐 단호박, 쿠키류일 때에는 단호박가루로 넣어 주세요.

22 ： 홍차 - 얼그레이 티 ：

이 책에서는 다양한 홍차 중에 얼그레이 티를 사용했어요. 찻잎이 작을 것은 바로 쓸 수 있으나 찻잎이 큰 것은 곱게 간 후 체에 한 번 쳐서 사용하세요.

23 ： 견과류 ：

피칸, 호두, 아몬드 등의 견과류는 구움과자의 맛을 더 풍부하게 해 주어요. 다져서 가루 형태로 넣기도 하고, 씹히는 식감을 살려 넣거나 장식으로 구움과자 윗면에 뿌릴 수도 있어요. 이 책에서는 전통 재료인 검정깨, 잣, 호박씨를 이용했어요.

| 땅콩 | 아몬드 슬라이스 | 호박씨 | 호두분태 |
| 헤이즐넛 | 피칸 | 잣 | 검정깨 |

RICE BAKING RECIPE

PART 1

마들렌

madeleine

마들렌 기초 다지기

- 마들렌은 프랑스의 대표적인 과자예요.

- 18세기 프랑스 로렌 지방에서 마들렌이라는 어린 시녀가 가리비 껍데기에 반죽을 넣어 구워 마들렌이라는 이름이 붙여졌다는 설이 있어요.

- 마들렌은 보통 달걀, 설탕, 밀가루, 버터를 1:1:1:1의 비율로 만들지만 오늘날에는 다양한 재료로 변형된 레시피가 많아요.

- 밀가루를 줄이고 아몬드가루를 넣어 고소함을 더해 만들 수도 있고 견과류, 과일, 초콜릿을 넣어 맛을 내고 꿀로 촉촉한 식감을 더할 수도 있어요.

- 마들렌은 만들기 쉬운 편이니 꼭 한 번 만들어 보세요.

마들렌을 만들기 전에 준비할 것들

1 가루류는 항상 체에 쳐서 준비해 주세요.
2 오븐을 190℃로 예열해 주세요.
3 틀에 버터칠을 해 주세요.
4 버터는 중탕 혹은 전자레인지로 녹여 주세요.
5 모든 재료는 계량 후 실온에서 30분 정도 두었다가 사용해 주세요.

🔔 오븐 문을 열고 마들렌 반죽을 넣을 때 오븐 온도가 내려갈 수 있으니 굽는 온도보다 살짝 높게 예열해 주세요.
마들렌 반죽을 넣은 후에는 175~180℃로 내려 구워요.

가루별 마들렌 비교

가루마다 특징이 달라서 한살림 건식 찹쌀가루 / 한살림 건식 멥쌀가루 / 박력쌀가루(대두 식품) / 박력분(밀가루) 4가지 가루로 테스트를 했어요.

✕ 마들렌 기본 재료
전란 55g, 설탕 55g, 가루 45g, 아몬드가루 10g, 베이킹파우더 2g, 버터 55g

한살림 찹쌀가루

1 찹쌀 특유의 늘어지는 성질 때문에 배꼽이 터지지 않고 옆으로 퍼져요.
2 굽고 나서 찹쌀 향기가 많이 나요.

한살림 멥쌀가루

1 글루텐이 없고 쌀가루 입자가 커서 배꼽이 높게 터지지 않고 볼륨감이 없어요.
2 박력쌀가루나 밀가루에 비해 단맛이 더 느껴져요.
3 입안에 쌀가루가 남아 거친 느낌이 있으나, 오히려 그래서 매력 있게 느껴지기도 해요.

박력쌀가루(대두식품)

1 글루텐은 없지만 쌀가루 입자가 아주 고와서 배꼽이 어느 정도는 터져요.
2 입안에 쌀가루가 걸리는 부분이 크게 없고 뽀송한 느낌이 들어요.

박력분(밀가루)

1 글루텐이 있는 가루라 배꼽이 높게 터지고 전체적으로 볼륨감이 있어요.
2 식감이 부드러워요.

한살림 찹쌀가루　　　　한살림 멥쌀가루　　　　박력쌀가루　　　　박력분(밀가루)

한살림 찹쌀가루　　　　한살림 멥쌀가루　　　　박력쌀가루　　　　박력분(밀가루)

MADELEINE

1

허니 마들렌

──────── 오븐 온도 / 시간 / 보관 ────────

오븐 온도 : 175~180℃

시간 : 10~13분

보관 : 밀봉(opp 봉투 or 밀폐용기)

유통기한 : 상온 4~5일

──────── 분량 / 도구 / 재료 ────────

분량 : 8개

도구 : 마들렌틀 1구(길이 약 7.5cm)

재료 : 전란 55g, 설탕 50g, 꿀 10g, 박력쌀가루 48g, 아몬드가루 12g, 베이킹파우더 2g, 버터 50g

01 박력쌀가루, 아몬드가루와 베이킹파우더는 체 쳐 주세요.

02 버터는 중탕 혹은 전자레인지로 따뜻하게 녹여 준비해 주세요. 🥄 버터의 온도가 너무 낮으면 반죽과 고르게 섞이지 않으니 따뜻하게 준비해 주세요.

03 거품기를 좌우로 흔들어 달걀을 멍울이 없도록 풀어 주세요.

04 설탕과 꿀을 넣고 고루 섞어 설탕을 반쯤 녹여 주세요.

05 체 친 가루를 넣고 거품기로 날가루가 보이지 않을 때까지 반죽을 섞어 주세요.

06 40~50℃ 전후로 녹인 버터를 넣고 고루 섞어 주세요. 🥄 버터의 온도가 너무 높으면(60℃ 이상) 반죽이 익거나 베이킹파우더가 반응하여 반죽이 부풀지 않을 수 있어요.

07 랩을 씌운 후 냉장실에서 최소 1시간에서 하루 정도 휴지시켜 주세요. 🥄 휴지시켜 반죽의 온도가 낮아지면 반죽의 농도가 되직해져 팬닝하기가 편하고 재료가 어우러져 배꼽도 더 잘 올라와요.

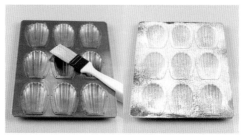

08 틀에 버터(분량 외)를 칠한 후 덧가루를 뿌려 주세요. 🥄 여름에는 틀을 냉장 보관한 후 사용하세요.

09 휴지시킨 반죽을 꺼내 주걱으로 고루 섞어 정리해 주세요.

10 반죽을 짤주머니에 넣어 주세요.

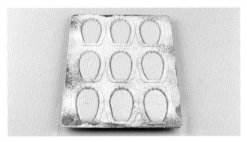

11 반죽을 마들렌틀의 80% 정도 짠 후 오븐 180℃에서 10~13분 구워 주세요.

12 구운 마들렌을 틀에서 분리해 식혀 주세요. 🍽 구워져 나온 마들렌은 너무 부드러워 식힘망에서 식히면 찌그러질 수 있어요. 틀에서 분리한 후 틀에 살짝 기대어 놓아 식혀 주세요

MADELEINE

2

유자 마들렌

───── 오븐 온도 / 시간 / 보관 ─────

오븐 온도 : 175~180℃

시간 : 10~13분

보관 : 밀봉(opp 봉투 or 밀폐용기)

유통기한 : 상온 4~5일

───── 분량 / 도구 / 재료 ─────

분량 : 8개

도구 : 마들렌틀 1구(길이 약 7.5cm)

재료 : 전란 53g, 설탕 46g, 유자청 10g, 박력쌀가루 50g, 아몬드가루 12g,

베이킹파우더 3g, 유자 건지 30g, 버터 50g

유자 글레이즈 : 유자즙 7g, 슈가파우더 35g

01 박력쌀가루, 아몬드가루와 베이킹파우더는 체 쳐 주세요.

02 유자차 약 50g를 체에 밭쳐 건지와 청으로 나눠 주세요. (유자청 10g, 유자 건지 30g이 필요해요.)

03 버터는 중탕 혹은 전자레인지로 따뜻하게 녹여 준비해 주세요.

04 거품기를 좌우로 흔들어 달걀을 멍울이 없도록 풀어 주세요.

05 설탕과 유자청을 넣고 고루 섞어 설탕을 반쯤 녹여 주세요.

06 체 친 가루를 넣고 거품기로 날가루가 보이지 않을 때까지 반죽을 섞어 주세요.

07 유자 건지를 가위로 자른 후 넣어 주세요.

08 40~50℃ 전후로 녹인 버터를 넣고 고루 섞어 주세요.

09 랩을 씌운 후 냉장실에서 최소 1시간에서 하루 정도 휴지시켜 주세요.

10 틀에 버터(분량 외)를 칠해 주세요. (여름에는 틀을 냉장 보관한 후 사용하세요.)

11 휴지시킨 반죽을 꺼내 주걱으로 고루 섞어 정리해 주세요.

12 반죽을 짤주머니에 넣어 주세요.

13 반죽을 마들렌틀의 80% 정도 짜 주세요.

14 오븐 180℃에서 10~13분 구운 후 틀에서 분리해 식혀 주세요. 🥄 구워져 나온 마들렌은 약해서 식힘망에서 식히면 찌그러질 수 있어요. 틀에서 분리한 후 틀에 살짝 기대어 놓아 식혀 주세요.

15 유자즙과 슈가파우더를 고루 섞어 주세요.

16 한 김 식힌 마들렌 위에 붓으로 곱게 발라 주세요. 🥄 오븐을 180℃로 예열한 뒤 불을 끄고 1분만 넣었다가 빼면 글레이즈가 잘 말라요.

MADELEINE

3

초코초코 마들렌

──────── 오븐 온도 / 시간 / 보관 ────────

오븐 온도 : 175~180℃

시간 : 10~11분

보관 : 밀봉(opp 봉투 or 밀폐용기)

유통기한 : 상온 4~5일

──────── 분량 / 도구 / 재료 ────────

분량 : 11개

도구 : 미니 마들렌틀 1구(길이 약 4.5cm)

재료 : 전란 55g, 설탕 50g, 꿀 10g, 박력쌀가루 42g, 아몬드가루 12g,

코코아가루 7g, 베이킹파우더 2g, 버터 53g

초콜릿 코팅 : 다크 커버처 초콜릿 30g, 코팅용 초콜릿 40g

01 박력쌀가루, 아몬드가루, 코코아가루와 베이킹파우
더는 체 쳐 주세요.

02 버터는 중탕 혹은 전자레인지로 따뜻하게 녹여 준비
해 주세요.

03 거품기를 좌우로 흔들어 달걀을 멍울이 없도록 풀어
주세요.

04 설탕과 꿀을 넣고 고루 섞어 설탕을 반쯤 녹여 주세
요.

05 체 친 가루를 넣고 거품기로 날가루가 보이지 않을
때까지 반죽을 섞어 주세요.

06 40~50℃ 전후로 녹인 버터를 넣고 고루 섞어 주세요.

07 랩을 씌운 후 냉장실에서 최소 1시간에서 하루 정도
휴지시켜 주세요.

08 틀에 버터(분량 외)를 칠해 주세요. (여름에는 틀을
냉장 보관한 후 사용하세요.)

09 휴지시킨 반죽을 꺼내 주걱으로 고루 섞어 정리해 주세요.

10 반죽을 짤주머니에 넣어 주세요.

11 반죽을 마들렌틀의 80% 정도 짠 후 오븐 180℃에서 10~11분 구워 주세요.

12 구운 마들렌을 틀에서 분리해 식혀 주세요.

13 분량의 다크 커버처 초콜릿과 코팅용 초콜릿은 중탕이나 전자레인지로 녹인 후 짤주머니에 넣어 주세요. 🍫 초콜릿을 전자레인지로 녹일 때에는 탈 수 있으니 10~20초 간격으로 여러 번에 걸쳐 녹여 주세요.

14 마들렌틀에 녹인 코팅용 초콜릿을 짜 주세요. 🍫 초콜릿이 굳기 전에 부지런히 작업해 주세요.

15 초콜릿 위로 구워 놓은 마들렌을 넣고 살짝만 눌러 주세요. 🍫 틀과 마들렌 사이에 녹인 초콜릿이 보일 정도로 살짝만 눌러 주세요.

16 초콜릿이 다 굳으면 뒤집어 빼 주세요. 🍫 냉장실에 틀을 넣어 최소 25분 이상 두었다가 꺼내야 잘 떼어져요.

MADELEINE

4

라즈베리 마들렌

——— 오븐 온도 / 시간 / 보관 ———

오븐 온도 : 175~180℃

시간 : 10~13분

보관 : 밀봉(opp 봉투 or 밀폐용기)

유통기한 : 상온 5~6일

——— 분량 / 도구 / 재료 ———

분량 : 8개

도구 : 마들렌틀 1구(길이 약 7.5cm)

재료 : 전란 52g, 설탕 45g, 라즈베리 퓌레 40g(졸인 후 20g만 사용), 박력쌀가루 48g,

아몬드가루 12g, 베이킹파우더 2g, 버터 48g, 라즈베리 크럼블 20g

라즈베리 글레이즈 : 라즈베리 퓌레 7g, 슈가파우더 20g

01 박력쌀가루, 아몬드가루와 베이킹파우더는 체 쳐 주
세요.

02 분량의 라즈베리 퓌레를 약 절반 분량(20g)이 되도록
전자레인지에 돌려 주세요.

03 버터는 중탕 혹은 전자레인지로 따뜻하게 녹여 준비
해 주세요.

04 거품기를 좌우로 흔들어 달걀을 멍울이 없도록 풀어
주세요.

05 설탕을 넣고 고루 섞어 설탕을 반쯤 녹여 주세요.

06 체 친 가루를 넣고 거품기로 날가루가 보이지 않을
때까지 반죽을 섞어 주세요.

07 라즈베리 퓌레를 넣고 고루 섞어 주세요.

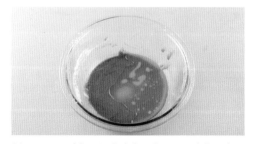

08 40~50℃ 전후로 녹인 버터를 넣고 고루 섞어 주세요.

09 라즈베리 크럼블을 넣고 섞어 주세요.

10 랩을 씌운 후 냉장실에서 최소 1시간에서 하루 정도 휴지시켜 주세요.

11 틀에 버터(분량 외)를 칠해 주세요. (여름에는 틀을 냉장 보관한 후 사용하세요.)

12 휴지시킨 반죽을 꺼내 주걱으로 고루 섞어 정리해 주세요.

13 반죽을 짤주머니에 넣어 주세요.

14 반죽을 마들렌틀의 80% 정도 짠 후 오븐 180℃에서 10~13분 구운 후 틀에서 분리해 식혀 주세요.

15 라즈베리 퓌레와 슈가파우더를 고루 섞어 주세요.

16 한 김 식힌 마들렌 위에 붓으로 곱게 발라 주세요.
🥄 오븐을 180℃로 예열한 뒤 불을 끄고 1분만 넣었다가 빼면 글레이즈가 잘 말라요.

MADELEINE

5

화이트모카 마들렌

───── **오븐 온도 / 시간 / 보관** ─────

오븐 온도 : 175~180℃

시간 : 10~13분

보관 : 밀봉(opp 봉투 or 밀폐용기)

유통기한 : 상온 5~6일

───── **분량 / 도구 / 재료** ─────

분량 : 9개

도구 : 마들렌틀 1구(길이 약 7.5cm)

재료 : 전란 53g, 설탕 50g, 꿀 10g, 박력쌀가루 45g, 아몬드가루 12g,

커피가루 2g, 베이킹파우더 2g, 버터 50g

화이트 초코 가나슈 : 생크림 30g, 화이트 초콜릿 40g, 포요틴 or 견과류 약간

01 박력쌀가루, 아몬드가루, 커피가루와 베이킹파우더는 체 쳐 주세요.

02 버터는 중탕 혹은 전자레인지로 따뜻하게 녹여 준비해 주세요.

03 거품기를 좌우로 흔들어 달걀을 멍울이 없도록 풀어 주세요.

04 설탕과 꿀을 넣고 고루 섞어 설탕을 반쯤 녹여 주세요.

05 체 친 가루를 넣고 거품기로 날가루가 보이지 않을 때까지 반죽을 섞어 주세요.

06 40~50℃ 전후로 녹인 버터를 넣고 고루 섞어 주세요.

07 랩을 씌운 후 냉장실에서 최소 1시간에서 하루 정도 휴지시켜 주세요.

08 틀에 버터(분량 외)를 칠해 주세요. (여름에는 틀을 냉장 보관한 후 사용하세요.)

09 휴지시킨 반죽을 꺼내 주걱으로 고루 섞어 정리해 주세요.

10 반죽을 짤주머니에 넣어 주세요.

11 반죽을 마들렌틀의 80% 정도 짠 후 오븐 180℃에서 10~13분 구워 주세요.

12 구운 마들렌을 틀에서 분리해 식혀 주세요.

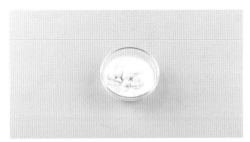

13 분량의 생크림과 화이트 초콜릿은 중탕 혹은 전자레인지에 10~20초 단위로 돌려 녹여 주세요.

14 녹인 가나슈를 짤주머니에 넣어 냉장실에서 차갑게 식혀 주세요.

15 마들렌 가운데에 이쑤시개로 약간 구멍을 내 주세요.

16 구멍에 짤주머니를 넣고 가나슈를 짜 넣은 후 구멍을 포요틴이나 견과류로 막아 주세요.

RICE BAKING RECIPE

PART 2

피낭시에

financier

피낭시에 기초 다지기

- 피낭시에는 프랑스어로 '금융의'라는 뜻이에요.
- 파리 증권거래소의 사람들이 깔끔하게 먹을 수 있는 과자를 원해 근처 제과점에서 만든 타원형의 비지탕틴이란 과자에서 유래했어요.
- 피낭시에는 거품을 낸 달걀흰자와 헤이즐넛 버터(뵈르 누아제트)가 들어가는 것이 특징이에요.
- 피낭시에는 과자가 금괴처럼 황금빛이 돌도록 구워 주어요.

피낭시에를 만들기 전에 준비할 것들

1 가루류는 항상 체에 쳐서 준비해 주세요.
2 오븐을 200~210℃로 예열해 주세요.
3 틀에 버터칠을 하고 냉장실에 차갑게 보관해 주세요.
4 태운 버터가 식었을 경우에는 50℃ 정도로 데워 주세요.
5 모든 재료는 계량 후 실온에서 30분 정도 두었다가 사용해 주세요.

헤이즐넛 버터 만들기

피낭시에 만들 때 꼭 필요한 버터를 태우는 과정이에요. 버터를 태워 수분을 증발시킴으로 써 고소한 풍미를 증가시켜 주는 과정이에요. 구운 헤이즐넛의 향기를 닮아 헤이즐넛 버터 라고 하며, 프랑스어로는 뵈르 누아제트라고 불러요. 버터를 태울 때는 꼭 찬물을 준비하 여 더 이상 타지 않도록 조심해 주세요.

재료 : 버터 75g(태운 후 약 55g)

01 냄비에 버터를 넣고 약불에 올려 녹여 주세요.

02 버터가 녹으면서 거품이 바글바글 끓으며 수분이 증발해요.

03 수분이 날아가면서 거품이 사라져요.

04 버터가 갈색이 되면서 고소 한 냄새가 나요.

05 갈색이 되면 불에서 내려 찬 물에 냄비째 담가 50~60℃로 식혀 주세요.

06 버터 찌꺼기를 체에 걸러 주 세요.

❧ 가루별 피낭시에 비교 ❧

피낭시에는 보통 베이킹파우더를 넣지 않는 경우가 많지만 멥쌀가루의 입자가 크기 때문에 베이킹파우더를 조금 넣었어요. 피낭시에 반죽은 베이킹파우더를 넣지 않아도 아몬드가루가 많이 들어가 반죽이 잘 부푸는 특성이 있어요.

✄ 피낭시에 기본 재료
달걀흰자 65g, 설탕 60g, 가루 25g, 아몬드가루 25g, 베이킹파우더 1g, 태운 버터 55g

한살림 멥쌀가루

1 쌀가루 입자가 커서 반죽이 높게 터지지 않고 볼륨감이 없지만 피낭시에 반죽 특성상 마들렌에 비하면 볼륨감이 있는 편이에요.
2 박력쌀가루나 밀가루에 비해 단맛이 더 느껴져요.
3 입안에 쌀가루가 남아 거친 느낌이 있어요.

박력쌀가루

1 쌀가루 입자가 아주 곱고 피낭시에 반죽의 특성상 볼륨감이 좋아요. 박력분(밀가루)으로 만든 피낭시에와 거의 차이가 나지 않아요.
2 아몬드가루가 많고 쌀가루의 비율이 낮아 입자가 걸리는 부분이 크게 없고 뽀송한 느낌이 들어요.

박력분(밀가루)

1 반죽이 잘 부풀어 오르고 전체적으로 볼륨감이 있어요.
2 식감이 부드러워요.

한살림 멥쌀가루   박력쌀가루   박력분(밀가루)

한살림 멥쌀가루   박력쌀가루   박력분(밀가루)

FINANCIER
1

허니 피낭시에

오븐 온도 / 시간 / 보관

오븐 온도와 시간 : 190℃에서 6분 / 180℃에서 5분

보관 : 밀봉(opp 봉투 or 밀폐용기)

유통기한 : 상온 5~6일

분량 / 재료

분량 : 8개

재료 : 달걀흰자 65g, 설탕 46g, 꿀 13g, 박력쌀가루 28g, 아몬드가루 28g,

베이킹파우더 1g, 소금 1꼬집, 태운 버터 50g

버터 태우기

01 냄비에 버터를 넣고 약불에 올려 녹여 주세요.

02 버터가 녹으면 중불로 올려 갈색이 되면 불에서 내려 주세요.

03 찬물에 냄비째 담가 50~60℃로 식혀 주세요.

04 체에 걸러 준비해 주세요.

반죽하기

05 박력쌀가루와 아몬드가루, 베이킹파우더를 고루 섞어 체에 쳐 주세요.

06 틀에 버터를 꼼꼼하게 발라 냉장 보관해 주세요.

07 거품기로 달걀흰자의 멍울을 살짝 풀어 주세요.

08 설탕과 꿀, 소금을 넣고 가볍게 섞어 주세요.

09 거품기를 좌우로 흔들어 조밀한 잔거품이 나도록 섞어 주세요.

10 체 친 쌀가루와 아몬드가루를 넣고 섞어 주세요.

11 반죽에 태운 버터를 넣고 섞어 주세요.

12 반죽을 주걱으로 고루 섞어 정리한 후 짤주머니에 반죽을 담아 주세요.

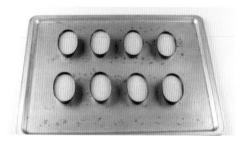

13 버터칠해 둔 틀에 반죽을 80~85% 짜 주세요.

14 오븐 190℃에서 6분, 180℃에서 5분 구워 주세요.
🥄 피낭시에는 휴지하지 않으면 가벼운 식감을 가지게 되고, 냉장실에서 30분~1시간 정도 휴지하면 더 묵직하면서 쫀쫀한 식감을 가지게 됩니다.

15 구운 피낭시에를 틀에서 분리해 식혀 주세요.

FINANCIER

2

땅콩 피낭시에

──────── 오븐 온도 / 시간 / 보관 ────────

오븐 온도와 시간 : 190℃에서 5분 / 180℃에서 5분

보관 : 밀봉(opp 봉투 or 밀폐용기)

유통기한 : 상온 5~6일

──────── 분량 / 도구 / 재료 ────────

분량 : 9개

도구 : 정사각 뿌찌틀(가로 5cm×세로 5cm×높이 2cm)

재료 : 달걀흰자 60g, 설탕 43g, 꿀 11g, 소금 1꼬집, 박력쌀가루 25g, 아몬드가루 15g,

땅콩가루 20g, 베이킹파우더 1g, 태운 버터 52g, 장식용 땅콩분태 20g

버터 태우기

01 냄비에 버터를 넣고 약불에 올려 녹여 주세요.

02 버터가 녹으면 중불로 올려 갈색이 되면 불에서 내려 주세요.

03 찬물에 냄비째 담가 50~60℃로 식혀 주세요.

04 체에 걸러 준비해 주세요.

반죽하기

05 박력쌀가루와 아몬드가루, 베이킹파우더를 고루 섞어 체에 쳐 주세요.

06 틀에 버터를 꼼꼼하게 발라 냉장 보관해 주세요.

07 땅콩을 지퍼백에 담아 밀대로 밀어 잘게 부셔 주세요.

08 거품기로 달걀흰자의 멍울을 살짝 풀어 주세요.

09 설탕과 꿀, 소금을 넣고 가볍게 섞어 주세요.

10 거품기를 좌우로 흔들어 조밀한 잔거품이 나도록 섞어 주세요.

11 5에서 체 친 가루와 7의 땅콩을 넣고 섞어 주세요.

12 반죽에 태운 버터를 넣고 섞어 주세요.

13 반죽을 주걱으로 고루 섞어 정리해 주세요.

14 짤주머니에 반죽을 담아 주세요.

15 반죽을 틀의 80~85%로 짠 후 반죽 위에 땅콩분태를 올리고 오븐 190℃에서 5분, 180℃에서 5분 구워 주세요.

16 구운 피낭시에를 틀에서 분리해 식혀 주세요.

FINANCIER

3

얼그레이 피낭시에

──── 오븐 온도 / 시간 / 보관 ────

오븐 온도와 시간 : 190℃에서 6분 / 180℃에서 5분

보관 : 밀봉(opp 봉투 or 밀폐용기)

유통기한 : 상온 5~6일

──── 분량 / 재료 ────

분량 : 8개

재료 : 달걀흰자 62g, 설탕 43g, 꿀 13g, 소금 1꼬집, 박력쌀가루 24g, 아몬드가루 24g,

얼그레이 2g, 베이킹파우더 1g, 태운 버터 52g

버터 태우기

01 냄비에 버터를 넣고 약불에 올려 녹여 주세요.

02 버터가 녹으면 중불로 올려 갈색이 되면 불에서 내려 주세요.

03 찬물에 냄비째 담가 50~60℃로 식혀 주세요.

04 체에 걸러 준비해 주세요.

반죽하기

05 박력쌀가루와 아몬드가루, 베이킹파우더, 얼그레이를 고루 섞어 체에 쳐 주세요.

06 틀에 버터를 꼼꼼하게 발라 냉장 보관해 주세요.

07 거품기로 달걀흰자의 멍울을 살짝 풀어 주세요.

08 설탕과 꿀, 소금을 넣고 가볍게 섞어 주세요.

09 거품기를 좌우로 흔들어 조밀한 잔거품이 나도록 섞어 주세요.

10 5에서 체 친 가루를 넣고 섞어 주세요.

11 반죽에 태운 버터를 넣고 섞어 주세요.

12 반죽을 주걱으로 고루 섞어 정리한 후 쌀주머니에 반죽을 담아 주세요.

13 버터칠해 둔 틀에 반죽을 80~85% 짜 주세요.

14 오븐 190℃에서 6분, 180℃에서 5분 정도 구워 주세요.

15 구운 피낭시에를 틀에서 분리해 식혀 주세요.

FINANCIER

4

쑥 & 콩가루 피낭시에

──── 오븐 온도 / 시간 / 보관 ────

오븐 온도와 시간 : 190℃에서 6분 / 180℃에서 5분

보관 : 밀봉(opp 봉투 or 밀폐용기)

유통기한 : 상온 5~6일

──── 분량 / 재료 ────

분량 : 8개

재료 : 달걀흰자 60g, 설탕 45g, 꿀 12g, 소금 1꼬집, 박력쌀가루 26g, 아몬드가루 20g,

쑥가루 5g, 베이킹파우더 1g, 태운 버터 53g, 볶은 콩가루 50g

버터 태우기

01 냄비에 버터를 넣고 약불에 올려 녹여 주세요.

02 버터가 녹으면 중불로 올려 갈색이 되면 불에서 내려 주세요.

03 찬물에 냄비째 담가 50~60℃로 식혀 주세요.

04 체에 걸러 준비해 주세요.

반죽하기

05 박력쌀가루와 아몬드가루, 베이킹파우더, 쑥가루를 고루 섞어 체에 쳐 주세요. (체에 남은 쑥가루도 전부 넣어 주세요.)

06 틀에 버터를 꼼꼼하게 발라 냉장 보관해 주세요.

07 거품기로 달걀흰자의 멍울을 살짝 풀어 주세요.

08 설탕과 꿀, 소금을 넣고 가볍게 섞어 주세요.

09 거품기를 좌우로 흔들어 조밀한 잔거품이 나도록 섞어 주세요.

10 5에서 체 친 가루를 넣고 섞어 주세요.

11 반죽에 태운 버터를 넣고 섞어 주세요.

12 반죽을 주걱으로 고루 섞어 정리해 주세요.

13 짤주머니에 반죽을 담아 주세요.

14 반죽을 틀의 80~85%로 짠 후 오븐 190℃에서 6분, 180℃에서 5분 구워 주세요.

15 구운 피낭시에를 틀에서 분리해 식혀 주세요.

16 식은 피낭시에에 볶은 콩가루를 고루 버무려 주세요.

검정깨 크럼블 피낭시에

──── 오븐 온도 / 시간 / 보관 ────

오븐 온도와 시간 : 190℃에서 6분 / 180℃에서 5분

보관 : 밀봉(opp 봉투 or 밀폐용기)

유통기한 : 상온 5~6일

──── 분량 / 재료 ────

분량 : 8개

재료 : 달걀흰자 62g, 설탕 45g, 꿀 11g, 소금 1꼬집, 박력쌀가루 26g, 아몬드가루 20g,

검정깨가루 15g, 베이킹파우더 1g, 태운 버터 50g

크럼블 : 버터 20g, 설탕 23g, 박력쌀가루 23g, 아몬드가루 23g, 검정깨 10g

버터 태우기

01 냄비에 버터를 넣고 약불에 올려 녹여 주세요.

02 버터가 녹으면 중불로 올려 갈색이 되면 불에서 내려 주세요.

03 찬물에 냄비째 담가 50~60℃로 식혀 주세요.

04 체에 걸러 준비해 주세요.

크럼블

05 볼에 버터, 설탕, 박력쌀가루, 아몬드가루, 검정깨가루를 넣어 주세요.

06 손으로 재료가 고루 섞이도록 버터를 으깨듯 섞어 주세요.

07 재료가 고루 섞이면 손으로 비비듯이 크럼블 형태를 만들어 주세요.

08 만들어진 크럼블은 쓰기 직전까지 냉장 보관해 주세요. 🖐 남은 크럼블은 밀폐용기에 넣어 냉동 보관했다가 쓸 수 있어요.

반죽하기

09 박력쌀가루와 아몬드가루, 검정깨가루, 베이킹파우더를 고루 섞어 체에 쳐 주세요.

10 틀에 버터를 꼼꼼하게 발라 냉장 보관해 주세요.

11 거품기로 달걀흰자의 멍울을 살짝 풀어 주세요.

12 설탕과 꿀, 소금을 넣고 가볍게 섞어 주세요.

13 거품기를 좌우로 흔들어 조밀한 잔거품이 나도록 섞어 주세요.

14 9에서 체 친 가루를 넣고 섞어 주세요.

15 반죽에 태운 버터를 넣고 섞어 주세요.

16 반죽을 주걱으로 고루 섞어 정리한 후 짤주머니에 반죽을 담아 주세요.

17 버터칠해 둔 틀에 반죽을 80~85% 짜 주세요.

18 반죽 위에 크럼블을 올린 후 오븐 190℃에서 6분, 180℃에서 5분 구워 주세요.

19 구운 피낭시에를 틀에서 분리해 식혀 주세요.

PART 3

쿠키
cookie

쿠키 기초 다지기

- 냉동쿠키, 짜는 쿠키 등 다양한 종류의 쿠키로 구성했어요.
- 쌀가루에는 글루텐이 없어 쌀가루로 만든 쿠키는 밀가루로 만든 쿠키에 비해 좀 더 바스라지는 식감을 가지고 있어요.

⟨⟩ 쿠키를 만들기 전에 준비할 것들 ⟨⟩

1 가루류는 항상 체에 쳐서 준비해 주세요.
2 모든 재료는 계량 후 실온에서 30분 정도 보관한 후 사용해 주세요.

크로캉

오븐 온도 : 165~170℃

시간 : 15~18분

보관 : 밀봉(opp 봉투 or 밀폐용기)

유통기한 : 상온 4~6일

分량 / 재료

분량 : 15개

재료 : 달걀흰자 50g, 설탕 93g, 소금 1꼬집, 박력쌀가루 59g, 아몬드 30g,

호두분태 30g, 잣 30g, 호박씨 30g

01 아몬드는 3등분해서 잘라 주세요. 견과류는 오븐 170℃에서 10분 구워 주세요.

02 볼에 달걀흰자를 넣어 거품기로 풀어 잔거품을 내 주세요.

03 설탕을 절반만 넣고 고루 섞어 주세요.

04 남은 설탕을 마저 넣고 거품기를 좌우로 흔들며 잔거품을 풍성하게 내 주세요. ✎ 설탕을 한 번에 넣으면 거품이 풍성하게 나지 않으니 2~3회에 나눠 넣어 주세요.

05 체 친 가루를 넣고 섞어 주세요.

06 가루를 고루 섞어 주세요.

07 견과류를 넣고 고루 섞어 주세요.

08 팬에 지름 약 5cm 크기로 팬닝한 후 오븐 165~170℃에서 15~18분 구워 주세요. ✎ 굽는 시간은 반죽의 구움색을 보며 조절해 주세요.

COOKIE

2

대추 쿠키

───── **오븐 온도 / 시간 / 보관** ─────

오븐 온도 : 165℃

시간 : 18~22분

보관 : 밀봉(opp 봉투 or 밀폐용기)

유통기한 : 상온 5~6일

───── **분량 / 재료** ─────

분량 : 20개

재료 : 버터 70g, 슈가파우더 28g, 소금 1꼬집, 박력쌀가루 92g, 건식 찹쌀가루 20g,

대추 약 10개(손질 후 50g), 잣 30g

01 대추는 돌려 깎아 씨를 뺀 후 잘게 썰어 뜨거운 물에 살짝 담가 주세요.

02 실온의 버터를 핸드믹서로 부드럽게 풀어 주세요.

03 슈가파우더와 소금을 넣고 고루 섞어 주세요.

04 체 친 박력쌀가루와 건식 찹쌀가루를 넣어 자르듯 섞어 주세요.

05 물에 담가 둔 대추는 체에 밭쳐 물기를 빼 주세요.

06 반죽에 잣과 대추를 넣고 고루 섞어 주세요.

07 반죽을 두께 1.5cm로 밀어 편 후 비닐에 넣어 냉동실 또는 냉장실에서 1시간 정도 휴지시켜 주세요.

08 반죽을 꺼내 크기 가로 2.5cm×세로 2.5cm로 잘라 주세요.

09 반죽 위에 달걀물(분량 외)를 2번 정도 발라 주세요.

10 오븐 165℃에서 18~22분 구워 주세요.

땅콩 머랭 쿠키 / 땅콩 머랭 쑥 쿠키

──── 오븐 온도 / 시간 / 보관 ────

오븐 온도 : 170℃

시간 : 11~13분

보관 : 밀봉(opp 봉투 or 밀폐용기)

유통기한 : 상온 3~4일

──── 분량 / 도구 / 재료 ────

분량 : 30~36개

도구 : 1cm 원형 깍지, 짤주머니

재료 : 달걀흰자 64g, 설탕 32g

땅콩 머랭 쿠키 : 아몬드가루 28g, 박력쌀가루 7g, 설탕 19g

땅콩 머랭 쑥 쿠키 : 아몬드가루 28g, 박력쌀가루 5g, 쑥가루 2g, 설탕 19g

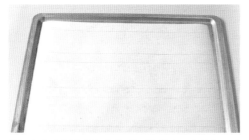

01 유산지에 쿠키를 짤 수 있도록 약 4cm씩 선을 그어 주세요.

02 분량의 아몬드가루, 박력쌀가루, 설탕(아몬드가루, 박력쌀가루, 쑥가루, 설탕)을 각각 잘 섞어 주세요.

03 달걀흰자에 설탕을 3회에 나누어 넣고 단단하지만 부드러운 머랭을 올려 주세요.

04 3의 머랭을 반으로 나눈 후 체 친 가루(플레인, 쑥)를 넣고 주걱으로 자르듯이 섞어 주세요.

05 윤기 나는 상태가 되도록 조심스레 섞어 주세요.

06 반죽에 윤기가 돌면 1cm 원형 각지를 낀 짤주머니에 담아 주세요.

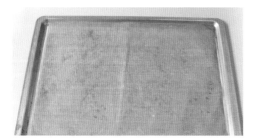

07 팬에 1에서 그려 둔 유산지를 깔고 그 위에 테프론 시트를 깔아 주세요.

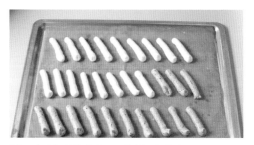

08 길이에 맞춰 사선으로 반죽을 짜 주세요.

09 짜 놓은 반죽 위에 땅콩분태를 고루 뿌려 묻혀 오븐 170℃에서 12분 구운 후 식힘망에서 식혀 주세요.

🥄 검정깨를 뿌려 구워도 맛있어요.

COOKIE

4

조청 초콜릿 쿠키

───── 오븐 온도 / 시간 / 보관 ─────

오븐 온도 : 170℃

시간 : 18~20분

보관 : 밀봉(opp 봉투 or 밀폐용기)

유통기한 : 상온 3~4일

───── 분량 / 재료 ─────

분량 : 10~12개

재료 : 버터 95g, 원당 78g, 소금 1g, 조청 18g, 전란 45g, 박력쌀가루 145g, 베이킹파우더 3g,

베이킹소다 1g, 다크 초콜릿 85g, 헤이즐넛 55g

헤이즐넛 캐러멜라이즈 : 설탕 25g, 물 10g, 헤이즐넛 35g, 버터 5g

장식 : 초콜릿 약간

01 헤이즐넛은 오븐 170℃에서 10분 구워 반 잘라 주세요.

02 실온의 버터를 핸드믹서로 부드럽게 풀어 주세요.

03 원당과 소금, 조청을 넣고 반죽이 뽀얗게 되도록 공기 포집을 해 주세요. 🥄 원당이 없는 경우 흑설탕으로 만들수 있어요.

04 전란을 2회에 나눠 넣으며 섞어 주세요.

05 체 친 가루를 넣고 반죽을 자르듯이 섞어 주세요.

06 날가루가 살짝 남아 있을 때 헤이즐넛과 자른 초콜릿을 넣고 고루 섞어 주세요.

07 주걱으로 반죽을 정리해 주세요.

08 랩을 씌워 냉장실에서 30분 정도 휴지시켜 주세요.

09 반죽을 스쿱(지름 약 5cm)으로 떠 주세요. ✎ 스쿱이
없는 경우 숟가락으로 떠 주세요.

10 팬에 팬닝한 후 반죽을 지그시 눌러 주세요.

11 초콜릿으로 장식한 후 오븐 170℃에서 18~20분 구워
주세요.

12 구워져 나온 쿠키가 따뜻할 때 헤이즐넛을 살짝 누르
듯 얹어 주세요.

헤이즐넛 캐러멜라이즈

01 설탕과 물을 팬에 넣고 강불로 끓여 주세요.

02 시럽이 끓으면 약불로 낮추고 헤이즐넛을 넣어 하얀
결정이 생기기 시작하면 계속 저어 볶아 주세요.

03 결정이 완전히 녹아 캐러멜 상태가 되면 버터를 넣고
고루 버무린 후 불을 꺼 주세요.

04 테프론 시트에 붓고 주걱이나 포크를 이용해 빠르게
떼어 내 서로 달라붙지 않게 잘 펼쳐 주세요. ✎ 남은
헤이즐넛은 밀폐용기에 넣어 냉동 보관했다가 쓸 수 있어요.

COOKIE

5

갈레트 브루통

─── **오븐 온도 / 시간 / 보관** ───

오븐 온도 : 170℃

시간 : 20분

보관 : 밀봉(opp 봉투 or 밀폐용기)

유통기한 : 상온 4~6일

─── **분량 / 재료** ───

분량 : 10~12개

재료 : 버터 120g, 설탕 75g, 소금 1g, 달걀노른자 30g, 바닐라 페이스트 1g,

박력쌀가루 105g, 아몬드가루 40g, 베이킹파우더 3g

01 실온의 버터를 핸드믹서로 부드럽게 풀어 주세요.

02 설탕과 소금을 넣고 고루 섞어 주세요.

03 달걀노른자를 2회에 나눠 넣으며 섞어 주세요.

04 바닐라 페이스트를 넣고 다시 한 번 고루 섞어 주세요.

05 체 친 가루를 넣어 주세요.

06 주걱으로 반죽을 11자를 그리며 섞어 주세요.

07 날가루가 보이지 않으면 주걱의 넙적한 면으로 치대 듯이 섞어 주세요.

08 반죽을 평평하게 만들어 비닐에 넣어 냉장실에서 1시간 정도 휴지시켜 주세요.

09 휴지시킨 반죽을 1cm 두께로 밀어 주세요.

10 덧가루(분량 외)를 묻힌 6cm 원형틀로 찍어 주세요.
남은 반죽은 뭉쳐서 민 후 더 찍어 주세요.

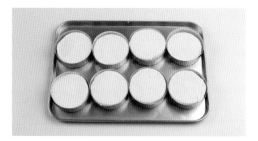

11 원형틀에 넣은 후 냉장실에서 잠시 휴지시켜 주세요.
🍳 갈레트컵을 이용해도 좋아요.

12 달걀물을 2번 발라 주세요.

13 반죽 윗면에 포크로 무늬를 내 주세요.

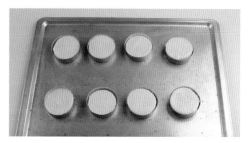

14 오븐 170℃에서 20분 구워 주세요.

COOKIE

6

플로랑탱

────── 오븐 온도 / 시간 / 보관 ──────

오븐 온도 : 170℃

시간 : 10~12분

보관 : 밀봉(opp 봉투 or 밀폐용기)

유통기한 : 상온 4~6일

────── 분량 / 도구 / 재료 ──────

분량 : 1개

도구 : 사각 무스링(가로 18cm×세로 18cm)

재료

쿠키 : 버터 58g, 슈가파우더 48g, 소금 1꼬집, 달걀노른자 35g, 박력쌀가루 111g, 아몬드가루 18g

누가 : 생크림 48g, 설탕 30g, 꿀 30g, 물엿 30g, 버터 32g, 아몬드 슬라이스 108g

사브레(타르트지)

01 실온의 버터를 핸드믹서로 부드럽게 풀어 주세요.

02 슈가파우더와 소금을 넣고 고루 섞어 주세요.

03 달걀노른자를 2회에 나눠 넣으며 섞어 주세요.

04 체 친 가루를 넣고 주걱으로 고루 섞어 주세요.

05 반죽을 비닐에 넣어 냉장실에서 1시간 정도 휴지시켜 주세요.

06 덧가루(분량 외 멥쌀가루)를 뿌려 가며 가로 18cm× 세로 18cm 틀보다 크게 반죽을 밀어 펴 주세요.

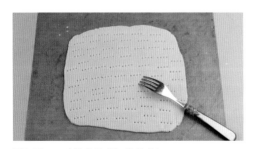

07 포크로 반죽에 구멍을 내 주세요.

08 오븐 170℃에서 10~12분 구워 주세요.

아몬드 누가

09 팬에 생크림, 설탕, 꿀, 물엿, 버터를 넣고 끓여 주세요.

10 9의 시럽이 약간 끓으면 아몬드 슬라이스를 넣고 고루 섞어 주세요. 🥄 아몬드 슬라이스 외 검정깨, 잣 등을 이용해도 맛있어요.

완성

11 구운 반죽을 가로 18cm×세로 18cm 틀 크기에 맞춰 칼로 잘라 주세요.

12 사각틀에 맞게 유산지를 깔아 주세요.

13 구워 놓은 반죽을 넣고 그 위에 아몬드 누가를 고루 잘 펴 주세요.

14 다시 한 번 오븐 170℃에서 15~20분 구워 주세요.
🥄 완전히 식기 전에 잘라야 플로랑탱이 부서지지 않아요. 자를 때에는 뒤집어서 칼로 톱질하듯 잘라 주세요.

COOKIE

7

검정깨 로미아스

———— 오븐 온도 / 시간 / 보관 ————

오븐 온도 : 165℃

시간 : 15~17분

보관 : 밀봉(opp 봉투 or 밀폐용기)

유통기한 : 상온 5~7일

———— 분량 / 도구 / 재료 ————

분량 : 16~20개

도구 : 6발 별깍지(171k번)

재료

쿠키 반죽 : 버터 92g, 달걀흰자 29g, 슈가파우더 39g, 바닐라 페이스트 약간, 건식 찹쌀가루 114g

검정깨 누가 : 버터 18g, 설탕 18g, 물엿 18g, 검정깨 25g

검정깨 누가

01 팬에 버터, 물엿, 설탕을 넣고 끓여 주세요.

02 1의 시럽이 약간 끓으면 검정깨를 넣고 고루 섞어 주
세요.

03 종이 포일 위에 부어 준 후 냉장실에서 살짝 굳혀 주
세요.

04 누가가 적당히 식으면 3g씩 소분해 주세요.

반죽하기

05 실온의 버터를 핸드믹서로 부드럽게 풀어 주세요.

06 슈가파우더와 소금을 넣고 고루 섞어 주세요.

07 바닐라 페이스트를 넣고 다시 한 번 고루 섞어 주세
요.

08 달걀흰자를 2~3회에 나눠 넣으며 섞어 주세요.

09 주걱으로 반죽을 깨끗이 정리해 주세요.

10 체 친 가루를 넣어 주세요.

11 날가루가 보이지 않을 정도로 섞어 주세요.

12 반죽을 짤주머니에 넣어 주세요.

13 원형 쿠키틀(지름 3~4cm)을 가루에 찍은 뒤 테프론 시트 위에 원 모양으로 찍어 주세요.

14 팬 위에 사진처럼 둥글게 짜 주세요. 📍 구워지면서 쿠키가 커지니 간격을 약간 두고 짜 주세요.

15 반죽 가운데에 만들어 둔 누가를 넣어 오븐 165℃에서 15~17분 구워 주세요.

16 누가가 살짝 식었을 때 식힘망 위에 올려 주세요.

COOKIE

8

초코 로미아스

───── **오븐 온도 / 시간 / 보관** ─────

오븐 온도 : 165℃

시간 : 15~17분

보관 : 밀봉(opp 봉투 or 밀폐용기)

유통기한 : 상온 5~7일

───── **분량 / 도구 / 재료** ─────

분량 : 16~20개

도구 : 6발 별깍지(171k번)

재료

쿠키 반죽 : 버터 92g, 달걀흰자 29g, 슈가파우더 39g, 바닐라 페이스트 약간,

박력쌀가루 109g, 코코아가루 10g

아몬드 누가 : 버터 18g, 설탕 18g, 물엿 18g, 아몬드분태 24g

아몬드 누가

01 팬에 버터, 물엿, 설탕을 넣고 끓여 주세요.

02 1의 시럽이 약간 끓으면 아몬드분태를 넣고 고루 섞어 주세요.

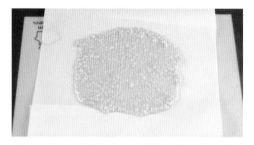

03 종이 포일 위에 부어 준 후 냉장실에서 살짝 굳혀 주세요.

04 누가가 적당히 식으면 3g씩 소분해 주세요.

반죽하기

05 실온의 버터를 핸드믹서로 부드럽게 풀어 주세요.

06 슈가파우더와 소금을 넣고 고루 섞어 주세요.

07 바닐라 페이스트를 넣고 다시 한 번 고루 섞어 주세요.

08 달걀흰자를 2~3회에 나눠 넣으며 섞어 주세요.

09 주걱으로 반죽을 깨끗이 정리해 주세요.

10 체 친 박력쌀가루와 코코아가루를 넣어 주세요.

11 날가루가 보이지 않을 정도로 섞어 주세요.

12 반죽을 짤주머니에 넣어 주세요.

13 원형 무스링(지름 3~4cm)을 가루에 찍은 뒤 테프론 시트 위에 원 모양으로 찍어 주세요.

14 팬 위에 사진처럼 둥글게 짜 주세요. 🍪 구워지면서 쿠키가 커지니 간격을 약간 두고 짜 주세요

15 반죽 가운데에 만들어 둔 누가를 넣어 주세요.

16 오븐 165℃에서 15~17분 구운 후 누가가 살짝 식었을 때 식힘망 위에 올려 주세요.

COOKIE

9

감태 땅콩 튀일

───── 오븐 온도 / 시간 / 보관 ─────

오븐 온도 : 170℃

시간 : 8~10분

보관 : 밀봉(opp 봉투 or 밀폐용기)

유통기한 : 상온 5~7일

───── 분량 / 도구 / 재료 ─────

분량 : 10~12개

도구 : 쿠키틀(가로 6cm×세로 6cm)

재료 : 설탕 65g, 달걀흰자 72g, 박력쌀가루 27g, 버터 33g, 땅콩분태 20g, 감태 1장

01 볼에 달걀흰자를 넣어 거품기로 풀어 잔거품을 내 주
세요.

02 설탕을 넣고 고루 섞어 주세요.

03 체 친 가루를 넣고 섞어 주세요.

04 버터를 녹여 넣어 섞어 주세요.

05 땅콩분태를 넣고 섞어 주세요.

06 랩을 씌워 냉장실에서 30분~1시간 정도 휴지시켜 주
세요.

07 휴지시킨 반죽을 고루 섞어 주세요.

08 감태는 가로 3cm×세로 3cm 크기로 잘라서 준비해
주세요.

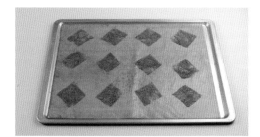

09 팬에 감태를 놓아 주세요.

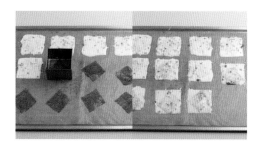

10 그 위로 쿠키틀을 놓고 반죽 2/3큰술을 틀 안쪽으로 고루 펴 주세요.

11 그 위로 감태를 다시 1장 얹은 후 오븐 170℃에서 8~10분 구워 주세요.

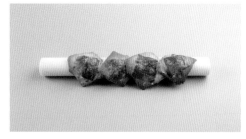

12 튀일이 뜨거울 때 밀대 위에 놓으면 휘어진 튀일을 만들 수 있어요.

13 구운 튀일은 식힘망 위에 올려 바삭해질 때까지 식혀 주세요.

COOKIE

10

아몬드 튀일

────── 오븐 온도 / 시간 / 보관 ──────

오븐 온도 : 170℃

시간 : 8~10분

보관 : 밀봉(opp 봉투 or 밀폐용기)

유통기한 : 상온 5~7일

────── 분량 / 재료 ──────

분량 : 12~15개

재료 : 설탕 65g, 전란 17g, 달걀흰자 58g, 박력쌀가루 31g, 버터 33g, 아몬드 슬라이스 75g

01 볼에 전란과 달걀흰자를 넣어 거품기로 풀어 주세요.

02 설탕을 넣어 고루 섞어 주세요.

03 체 친 가루를 넣고 섞어 주세요.

04 버터를 녹여 넣어 섞어 주세요.

05 아몬드 슬라이스를 넣고 섞어 주세요.

06 랩을 씌워 냉장실에서 최소 30분에서 하루 정도 휴지시켜 주세요. 🍴 아몬드 등 견과류에 설탕 시럽이 충분히 스며들어야 더 맛있어요.

07 휴지시킨 반죽을 고루 섞어 주세요.

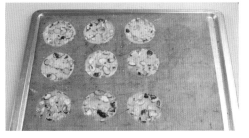

08 팬에 지름 약 8cm, 아몬드 슬라이스 두께 정도로 얇게 팬닝한 다음 온도 170℃에서 8~10분 구워 주세요.

09 튀일이 뜨거울 때 밀대 위에 놓으면 휘어진 튀일을
만들 수 있어요.

10 구운 튀일은 식힘망 위에 올려 바삭해질 때까지 식혀
주세요.

COOKIE

11

초코 스노볼

─────── 오븐 온도 / 시간 / 보관 ───────

오븐 온도 : 170℃

시간 : 13~15분

보관 : 밀봉(opp 봉투 or 밀폐용기)

유통기한 : 상온 5~7일

─────── 분량 / 재료 ───────

분량 : 약 24개

재료 : 버터 60g, 슈가파우더 18g, 소금 1꼬집, 박력쌀가루 38g, 건식 찹쌀가루 20g,

코코아가루 10g, 아몬드가루 30g, 피칸 30g

01 실온의 버터를 주걱으로 부드럽게 풀어 주세요.

02 슈가파우더와 소금을 넣고 버터가 하얗게 될 때까지 섞어 주세요.

03 체 친 가루를 넣어 주세요.

04 주걱으로 반죽을 11자를 그리며 섞어 주세요.

05 반죽이 어느 정도 섞이면 다진 피칸을 넣고 한 덩어리가 될 때까지 섞어 주세요.

06 반죽 위에 랩을 씌운 후 냉장실에서 30분 정도 휴지시켜 주세요.

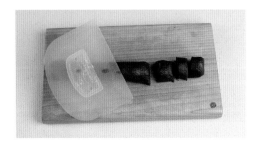

07 휴지시킨 반죽을 꺼내 지름 약 2cm 가래떡 모양으로 만든 후 잘라 주세요.

08 약 8g씩 나눠 동그랗고 매끈하게 빚어 주세요.

09 팬에 올려 오븐 170℃에서 13~15분 구워 주세요.

10 쿠키가 따뜻할 때 슈가파우더에 한 번 머무려 주세요. 🍴 쿠키가 너무 뜨거우면 슈가파우더가 다 녹아 버리고 너무 식으면 쿠키에 묻지 않으니 따뜻할 때 버무려 주세요.

11 쿠키가 완전히 식은 후 슈가파우더에 한 번 더 버무려 주세요.

단호박 롤 쿠키

───── **오븐 온도 / 시간 / 보관** ─────

오븐 온도 : 165℃

시간 : 16~19분

보관 : 밀봉(opp 봉투 or 밀폐용기)

유통기한 : 상온 5~7일

───── **분량 / 재료** ─────

분량 : 약 20개

재료 : 버터 65g, 슈가파우더 39g, 소금 1꼬집, 전란 13g, 박력쌀가루 95g,

건식 찹쌀가루 15g, 단호박가루 5g

01 실온의 버터를 핸드믹서로 부드럽게 풀어 주세요.

02 설탕과 소금을 넣고 버터가 하얗게 될 때까지 섞어 주세요.

03 전란을 넣고 다시 한 번 고루 섞어 주세요.

04 체 친 박력쌀가루와 건식 찹쌀가루를 넣어 자르듯 섞어 주세요.

05 반죽이 보슬보슬한 상태가 되면 반죽의 무게를 (약 113g씩) 잰 뒤 볼에 각각 나눠 담아 주세요.

06 나눈 반죽을 주걱의 면으로 반죽을 누르듯 치대 주세요.

07 다른 반죽에는 단호박가루를 체 쳐서 넣어 주세요.

08 단호박가루를 고르게 섞은 후 주걱의 면으로 반죽을 누르듯 치대 주세요.

09 종이 포일을 깔고 덧가루(분량 외)를 뿌리고 반죽을
가로 15cm×세로 20cm 크기로 밀어 주세요.

10 종이 포일을 깔고 덧가루(분량 외)를 뿌리고 단호박
반죽 역시 같은 크기로 밀어 주세요.

11 2개의 반죽을 겹쳐 주세요.

12 반죽을 촘촘하게 말아 원통 모양으로 만들어 주세
요. ☝ 단단하게 말지 않으면 가운데에 구멍이 생길 수 있어요.

13 유산지로 힘 있게 말아 냉동실에서 1시간 정도 휴지
시켜 주세요.

14 반죽을 꺼내 표면에 설탕을 고루 묻혀 주세요.

15 1~1.5cm 두께로 썰어 주세요. ☝ 너무 오랜 시간 냉동한 경
우에는 실온에 잠시 꺼내 놓았다가 잘라 주세요. 바로 자르면 쿠키
가 부스러질 수 있어요.

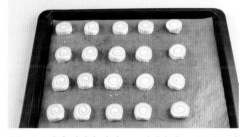

16 오븐팬에 일정한 간격으로 팬닝한 후 오븐 165℃에
서 18분 구워 주세요.

RICE BAKING RECIPE

PART 4

파운드케이크
pound cake

파운드케이크 기초 다지기

- 파운드케이크는 영국에서 처음 만들었어요.

- 각각의 재료(버터, 달걀, 설탕, 가루)를 1파운드(pound)씩 사용한 것에서 이름이 유래했어요.

- 프랑스어로는 카트르 카르(quatre-quarts)라고 불러요. 각각의 재료를 1/4씩 넣은 것에서 유래했어요.

- 파운드케이크를 만드는 법은 실온의 버터를 크림화하고 설탕을 녹이고 전란을 넣어 만드는 공립법, 달걀의 노른자와 흰자를 분리하고 흰자로 머랭을 만들어 반죽에 넣는 별립법이 있어요.

- 머랭을 만들어 반죽에 넣어 파운드케이크를 만들면 반죽의 기공이 커서 식감이 부드러워져요.

파운드케이크를 만들기 전에 준비할 것들

1 가루류는 항상 체에 쳐서 준비해 주세요.
2 오븐을 190℃로 예열해 주세요.
3 유산지를 틀에 맞게 오려 주세요.
4 틀에 버터칠을 해 주세요.
5 모든 재료는 계량 후 실온에서 30분 정도 두었다가 사용해 주세요.

유산지를 잘라서 틀에 넣는 방법

01 파운드틀 위에 유산지를 올려 틀 모서리를 따라서 손으로 눌러 선을 표시해 주세요.

02 유산지 위에 파운드틀을 올려 틀 바닥보다 조금 안쪽으로 선명하게 접어 주세요.

03 사진처럼 4군데를 가위로 오려 주세요.

04 틀 안에 버터나 반죽을 살짝만 바른 후 유산지를 넣어 고정시켜 주세요.

∽ 가루별 파운드케이크 비교 ∽

✄ 파운드케이크 기본 재료
버터 100g, 전란 100g, 설탕 100g, 가루 80g, 아몬드가루 20g, 베이킹파우더 5g

한살림 멥쌀가루

1   글루텐이 없고 쌀가루 입자가 커서 높게 터지지 않고 볼륨감이 없어요.
2   파운드케이크 아래쪽으로 반죽이 가라앉은 듯한 느낌이 있어요.
3   덜 익은 듯한 찐득거림이 있고 입안에 쌀가루가 남아 거친 느낌이 있어요.
4   충전물을 넣을 경우 글루텐 힘이 없어 충전물이 케이크 아래쪽으로 가라앉아요.

박력쌀가루

1   글루텐은 없지만 쌀가루 입자가 아주 고와서 배꼽이 어느 정도는 터져요.
2   입안에 쌀가루 입자가 걸리는 부분이 크게 없고 뽀송한 느낌이 들어요.

박력분(밀가루)

1   글루텐이 있는 가루라 배꼽이 높게 터지고 전체적으로 볼륨감이 있어요.
2   식감이 부드러워요.

한살림 멥쌀가루   박력쌀가루   박력분(밀가루)

한살림 멥쌀가루   박력쌀가루   박력분(밀가루)

한살림 멥쌀가루   박력쌀가루   박력분(밀가루)

POUND CAKE

1

잣 파운드케이크

───── **오븐 온도 / 시간 / 보관** ─────

오븐 온도 : 175℃

시간 : 17~20분

보관 : 밀봉(opp 봉투 or 밀폐용기)

유통기한 : 상온 5~6일

───── **분량 / 도구 / 재료** ─────

분량 : 8개

도구 : 오발틀(가로 7.5cm×세로 5.5cm×높이 3.5cm)

재료 : 버터 126g, 백설탕 55g, 비정제설탕 50g, 박력쌀가루 98g, 잣가루 28g,

전란 109g, 우유 20g, 베이킹파우더 3g, 잣 35g

잣 필링 : 잣 45g, 박력쌀가루 5g, 버터 13g, 꿀 15g, 설탕 7g, 생크림 10g

파운드케이크

01 키친타월을 깔고 잣을 칼로 곱게 다져 가루로 만들어 주세요.

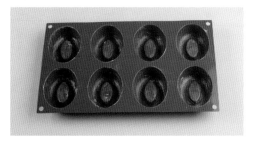

02 실리콘틀에 버터를 고루 발라 주세요.

03 실온의 버터를 핸드믹서로 부드럽게 풀어 주세요.

04 버터에 설탕을 넣고 휘핑하여 뽀얗게 되도록 공기 포집을 해 주세요.

05 분량의 달걀을 3~5회에 나눠 넣으며 섞어 주세요. 이 때 앞에서 넣은 달걀이 다 섞이면 더 넣어 주세요.

06 주걱으로 반죽을 정리한 후 체 친 가루를 넣어 주세요.

07 잣을 넣고 다시 한 번 섞어 주세요.

08 날가루가 보이지 않도록 주걱으로 섞어 주세요.

09 우유를 넣고 고루 섞어 주세요.

10 반죽을 짤주머니에 넣어 주세요.

11 틀에 반죽을 넣어 오븐 175℃에서 17~20분 구워 주
세요.

12 구운 파운드케이크를 틀에서 분리해 오븐팬 위에 올
려 주세요.

잣 필링

13 잣과 쌀가루를 고루 섞어 주세요.

14 팬에 버터, 꿀, 설탕, 생크림을 넣고 끓여 주세요.

15 14의 시럽이 살짝 끓으면 잣과 쌀가루를 넣고 고루
섞어 되직하게 끓여 주세요.

완성

16 구운 파운드케이크 위에 잣 필링을 얹고 170℃에서
3~5분 더 구워 주세요.

POUND CAKE
2

대추 인삼 파운드케이크

───── 오븐 온도 / 시간 / 보관 ─────

오븐 온도 : 170℃

시간 : 23~25분

보관 : 밀봉(opp 봉투 or 밀폐용기)

유통기한 : 상온 5~6일

───── 분량 / 도구 / 재료 ─────

분량 : 3개

도구 : 미니 파운드틀(가로 10.5cm×세로 5.5cm×높이 5cm)

재료 : 버터 115g, 설탕 67g, 비정제 설탕 43g, 박력쌀가루 90g, 아몬드가루 27g,

베이킹파우더 5g, 전란 100g, 우유 13g

대추인삼정과 : 인삼 45g, 대추 10개, 물 120g, 물엿 100g, 설탕 20g

대추인삼정과

01 인삼은 얇게 슬라이스로 썰고 대추는 씨를 빼고 10~12등분으로 썰어 주세요.

02 냄비에 물, 물엿, 설탕과 인삼, 대추를 넣어 약불로 인삼이 투명해질 때까지 끓여 주세요.

03 인삼이 투명해지고 대추는 통통해져요.

04 졸인 인삼과 대추는 체에 밭쳐 시럽을 빼 주세요. (시럽은 파운드케이크 완성 후에 발라 줄 거예요.)

파운드케이크

05 파운드틀 벽면에 버터를 살짝만 바르고 잘라 놓은 유산지를 넣어 주세요.

06 실온의 버터를 핸드믹서로 부드럽게 풀어 주세요.

07 버터에 설탕을 넣고 휘핑하여 뽀얗게 되도록 공기 포집을 해 주세요.

08 분량의 달걀을 3~5회에 나눠 넣으며 섞어 주세요. 이때 앞에서 넣은 달걀이 다 섞이면 더 넣어 주세요.

09 체 친 가루를 넣어 주걱으로 섞어 주세요.

10 날가루가 조금 남아 있을 때 인삼과 대추를 넣어 주세요.

11 우유를 넣고 날가루가 보이지 않도록 주걱으로 섞어 주세요.

12 반죽을 짤주머니에 넣어 주세요.

13 파운드틀에 반죽을 짜 주세요.

14 틀에 채운 반죽을 U모양으로 정리하고 오븐 170℃에서 23~25분 구워 주세요.

15 구운 파운드케이크를 틀에서 분리하고 인삼 시럽을 발라 주세요.

🖐 쌀가루로 만든 파운드케이크는 충전물을 넣을 경우 글루텐이 없어 충전물이 케이크 아래쪽으로 가라앉아요.

POUND CAKE

3

곶감 파운드케이크

───── 오븐 온도 / 시간 / 보관 ─────

오븐 온도 : 175℃

시간 : 33~35분

보관 : 밀봉(opp 봉투 or 밀폐용기)

유통기한 : 상온 5~6일

───── 분량 / 도구 / 재료 ─────

분량 : 1개

도구 : 오란다틀(가로 16cm×세로 8cm×높이 6.5cm)

재료 : 버터 70g, 크림치즈 50g, 백설탕 81g, 박력쌀가루 78g, 아몬드가루 25g, 베이킹파우더 5g,

전란 60g, 달걀노른자 15g, 우유 15g, 호두 45g, 곶감 75g, 살구잼 약간

01 곶감은 씨를 빼고 잘게 썰어 주세요.

02 실온의 버터와 크림치즈를 핸드믹서로 부드럽게 풀어 주세요.

03 버터에 설탕을 넣고 휘핑하여 뽀얗게 되도록 공기 포집을 해 주세요.

04 분량의 달걀을 3~5회에 나눠 넣으며 섞어 주세요. 이때 앞에서 넣은 달걀이 다 섞이면 더 넣어 주세요.

05 주걱으로 반죽을 정리한 후 체 친 가루를 넣고 고루 섞어 주세요.

06 호두를 넣고 섞은 후 날가루가 보이지 않도록 섞고 반죽을 정리해 주세요.

07 우유를 넣고 고루 섞은 후 반죽을 정리해 주세요.

08 반죽을 짤주머니에 넣어 주세요.

09 유산지를 깐 파운드틀에 가장자리부터 반죽을 넣어 주세요. 🥄유산지가 움직이지 않아 좋아요.

10 반죽을 마저 채우고 곶감의 절반을 고루 넣어 주세요.

11 그 위로 반죽을 넣고 남은 곶감을 전부 넣어 주세요.

12 그 위로 남은 반죽을 모두 넣고 오븐 175℃에서 33~35분 구워 주세요.

13 구운 파운드케이크를 틀에서 분리하고 살구잼을 발라 주세요.

🥄충전물(곶감/호두)을 잘게 썰거나 다지면 파운드케이크 아래쪽으로 덜 가라앉아요.

POUND CAKE

4

무화과 파운드케이크

───────── 오븐 온도 / 시간 / 보관 ─────────

오븐 온도 : 175℃

시간 : 19~21분

보관 : 밀봉(opp 봉투 or 밀폐용기)

유통기한 : 상온 5~6일

───────── 분량 / 도구 / 재료 ─────────

분량 : 8개

도구 : 사각 큐브틀(가로 5cm×세로 5cm×높이 5cm)

재료 : 버터 170g, 백설탕 105g, 박력쌀가루 130g, 아몬드가루 46g, 전란 105g, 달걀노른자 26g,

우유 27g, 베이킹파우더 6g, 반건조 무화과 12개, 살구잼 약간

무화과 절임 : 반건조 무화과 12개(장식용 4개 포함), 물 300g, 설탕 150g

142

무화과 절임

01 냄비에 물, 설탕을 넣어 끓여 설탕을 녹여 주세요.

02 설탕이 녹고 시럽이 끓으면 반건조 무화과를 넣고 5분 정도 끓여 무화과를 부드럽게 만들어 주세요.

03 졸인 무화과 8개는 체에 밭쳐 시럽을 뺀 후 썰어 주세요. (장식용 무화과 4개는 납작하게 저며 주세요.)

파운드케이크

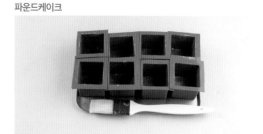

04 실리콘틀에 버터를 고루 발라 주세요.

05 실온의 버터를 핸드믹서로 부드럽게 풀어 주세요.

06 버터에 설탕을 넣고 휘핑하여 뽀얗게 되도록 공기 포집을 해 주세요.

07 분량의 달걀을 3~5회에 나눠 넣으며 섞어 주세요. 이때 앞에서 넣은 달걀이 다 섞이면 더 넣어 주세요.

08 체 친 가루를 넣고 섞어 주세요.

09 졸인 무화과를 넣고 다시 한 번 섞어 주세요.

10 날가루가 보이지 않도록 주걱으로 섞어 주세요.

11 우유를 넣고 고루 섞어 주세요.

12 반죽을 짤주머니에 넣어 주세요.

13 실리콘틀에 반죽을 넣고 오븐 175℃에서 19~21분 구워 주세요.

14 구운 파운드케이크를 틀에서 분리하고 살구잼을 발라 주세요.

15 그 위로 무화과를 얹고 무화과 위에도 살구잼을 발라 주세요.

POUND CAKE

5

말차 단팥 연유 파운드케이크

───── 오븐 온도 / 시간 / 보관 ─────

오븐 온도 : 175℃

시간 : 33~35분

보관 : 밀봉(opp 봉투 or 밀폐용기)

유통기한 : 상온 5~6일

───── 분량 / 도구 / 재료 ─────

분량 : 1개

도구 : 오란다틀(가로 16cm×세로 8cm×높이 6.5cm)

재료 : 버터 95g, 설탕 73g, 연유 17g, 박력쌀가루 68g, 아몬드가루 23g, 말차가루 5g,

베이킹파우더 5g, 전란 83g, 팥앙금 100g

01 실온의 버터를 핸드믹서로 부드럽게 풀어 주세요.

02 버터에 설탕과 연유를 넣고 휘핑하여 뽀얗게 되도록
공기 포집을 해 주세요.

03 분량의 달걀을 3~5회에 나눠 넣으며 섞어 주세요. 이
때 앞에서 넣은 달걀이 다 섞이면 더 넣어 주세요.

04 체 친 가루를 넣고 섞어 주세요.

05 날가루가 보이지 않도록 주걱으로 섞고 반죽을 정리
해 주세요.

06 팥앙금과 반죽을 각각 짤주머니에 넣어 주세요.

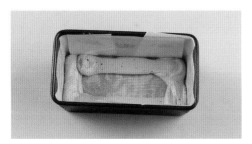

07 파운드틀 바닥(아래쪽)에 사진처럼 반죽을 짜 주세
요. (유산지가 움직이지 않아 좋아요.)

08 그 위로 반죽을 채운 후 약간 가장자리에 팥앙금 1줄
을 짜 주세요.

09 그 위로 반죽을 덮고 다시 반대쪽 가장자리에 팥앙금을 짜 주세요.

10 그 위로 반죽을 덮고 반대쪽 가장자리에 팥앙금을 짜 주세요. 이 과정을 여러 번 반복해 주세요.

11 남은 반죽을 틀에 채운 후 주걱으로 정리해 주세요.

12 오븐 175℃에서 33~35분 굽고 구운 파운드케이크를 틀에서 분리해 주세요.

POUND CAKE

6

블루베리 파운드케이크

─── 오븐 온도 / 시간 / 보관 ───

오븐 온도 : 175℃

시간 : 20~23분

보관 : 밀봉(opp 봉투 or 밀폐용기)

유통기한 : 상온 5~6일

─── 분량 / 도구 / 재료 ───

분량 : 8개

도구 : 오발틀(가로 7.5cm×세로 5.5cm×높이 3.5cm)

재료 : 버터 108g, 설탕 67g, 달걀노른자 52g, 박력쌀가루 87g, 아몬드가루 27g,

베이킹파우더 4g, 달걀흰자 65g, 설탕 30g, 블루베리 100g

글레이즈 : 레몬즙 20g, 슈가파우더 100g

01 실온의 버터를 핸드믹서로 부드럽게 풀어 주세요.

02 버터에 설탕을 넣고 휘핑하여 뽀얗게 되도록 공기 포집을 해 주세요.

03 달걀노른자를 2~3회에 나눠 넣으며 섞어 주세요.

04 달걀흰자에 설탕을 3회에 나누어 넣어 부드러운 머랭으로 올려 주세요.

05 3의 반죽에 머랭 절반을 넣고 떠올리듯 부드럽게 섞어 주세요.

06 머랭이 살짝 남았을 때 체 친 가루를 넣고 섞어 주세요.

07 남은 머랭을 넣고 가볍게 섞어 주세요.

08 블루베리를 넣고 머랭이 꺼지지 않도록 살살 섞어 주세요.

09 반죽을 짤주머니에 담아 주세요.

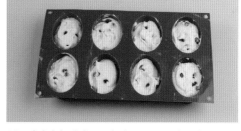

10 버터칠한 실리콘틀에 반죽을 80% 정도 짠 후 오븐 175℃에서 20~23분 구워 주세요.

11 구운 파운드케이크를 틀에서 분리해 주세요.

12 레몬즙과 슈가파우더를 섞어 블루베리 파운드케이크 위에 뿌린 뒤 블루베리를 올려 장식해 주세요.

금귤 파운드케이크

--- 오븐 온도 / 시간 / 보관 ---

오븐 온도 : 175℃

시간 : 20~23분

보관 : 밀봉(opp 봉투 or 밀폐용기)

유통기한 : 상온 5~6일

--- 분량 / 도구 / 재료 ---

분량 : 8개

도구 : 사각 큐브틀(가로 5cm×세로 5cm×높이 5cm)

재료 : 버터 135g, 설탕 75g, 금귤 4개(금귤 제스트용), 달걀노른자 63g, 박력쌀가루 103g,

아몬드가루 30g, 베이킹파우더 5g, 달걀흰자 83g, 설탕 36g

금귤 콩포트 : 금귤 16개, 물 50g, 설탕 90g, 물엿 90g

금귤 콩포트

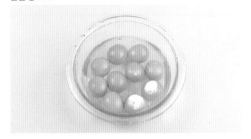

01 금귤은 베이킹소다물에 담가 깨끗이 씻어 주세요.

02 금귤은 꼭지를 따고 가로로 반을 잘라 씨를 빼 주세요.

03 냄비에 금귤, 물, 설탕, 물엿을 넣고 금귤이 투명해질 때까지 약불로 끓여 주세요.

04 금귤이 투명해지면 체에 밭쳐 주세요. (시럽은 파운드케이크 완성 후에 발라 줄 거예요.)

파운드케이크

05 금귤 정과는 잘게 썰어 주세요.

06 금귤 4개는 치즈 그레이터로 갈아 껍질만 모아 주세요.

07 금귤 제스트는 설탕에 버무려 놓으세요. ⬤제스트를 설탕에 버무려 놓으면 향이 더 좋아져요. 분량의 설탕 75g에 넣어주세요.

08 실온의 버터를 핸드믹서로 부드럽게 풀어 주세요.

156

09 버터에 제스트를 섞어 둔 설탕을 넣고 휘핑하여 뽀얗게 되도록 공기 포집을 해 주세요.

10 달걀노른자를 2~3회에 나눠 넣으며 섞어 주세요.

11 달걀흰자에 설탕을 3회에 나누어 넣어 부드러운 머랭으로 올려 주세요.

12 11의 반죽에 머랭 절반을 넣고 떠올리듯 부드럽게 섞어 주세요.

13 머랭이 살짝 남았을 때 체 친 가루를 넣고 섞어 주세요.

14 남은 머랭을 넣고 가볍게 섞어 주세요.

15 잘게 썬 금귤을 넣어 머랭이 꺼지지 않도록 살살 섞어 주세요.

16 반죽을 짤주머니에 담아 주세요.

17 버터칠한 실리콘틀에 반죽을 80% 정도 짠 후 오븐 175℃에서 20~22분 구워 주세요.

18 구운 파운드케이크를 틀에서 분리하고 금귤 콩포트 시럽을 발라 주세요.

POUND CAKE

8

애플 시나몬 파운드케이크

──── 오븐 온도 / 시간 / 보관 ────

오븐 온도 : 175℃

시간 : 30~35분

보관 : 밀봉(opp 봉투 or 밀폐용기)

유통기한 : 상온 5~6일

──── 분량 / 도구 / 재료 ────

분량 : 1개

도구 : 오란다틀(가로 16cm×세로 8cm×높이 6.5cm)

재료 : 버터 98g, 설탕 72g, 황설탕 18g, 박력쌀가루 63g, 아몬드가루 22g,

전란 78g, 우유 13g, 베이킹파우더 5g

시나몬 크럼블 : 버터 16g, 설탕 16g, 박력쌀가루 17g, 아몬드가루 17g, 시나몬 1g

시나몬 사과 절임 : 사과 슬라이스 150g, 설탕 36g, 물 5g, 화이트와인 15g, 시나몬 0.5g

시나몬 사과 절임

01 사과는 껍질을 깎고 6~8등분하여 5mm 간격으로 나박썰기해 주세요.

02 냄비에 사과와 설탕을 넣고 설탕이 살짝 녹을 정도로 섞어 주세요.

03 설탕이 녹아 물이 생기면 물, 와인을 넣고 사과가 투명해질 때까지 졸여 주세요. 🥄 사과 콩포트를 만들 때 불이 너무 세면 수분만 날아가고 사과는 안 익어요. 불꽃은 냄비의 크기를 넘지 않도록 주의해 주세요.

04 사과가 거의 다 졸여지면 마지막으로 시나몬가루를 넣고 섞은 후 밧드에 덜어 식혀 주세요.

시나몬 크럼블

05 볼에 버터, 설탕, 박력쌀가루, 아몬드가루, 시나몬가루를 넣어 주세요.

06 손으로 재료가 고루 섞이도록 버터를 으깨듯 섞어 주세요.

07 재료가 고루 섞이면 손으로 비비듯이 크럼블 형태를 만들어 주세요.

08 만들어진 크럼블은 쓰기 직전까지 냉장 보관해 주세요. 🥄 남은 크럼블은 밀폐용기에 넣어 냉동 보관했다가 쓸 수 있어요.

파운드케이크

09 실온의 버터를 핸드믹서로 부드럽게 풀어 주세요.

10 버터에 설탕을 넣고 휘핑하여 뽀얗게 되도록 공기 포집을 해 주세요.

11 분량의 달걀을 3~5회에 나눠 넣으며 섞어 주세요. 이때 앞에서 넣은 달걀이 다 섞이면 더 넣어 주세요.

12 체 친 가루를 넣고 섞어 주세요.

13 날가루가 조금 남아 있을 때 졸인 사과를 넣어 주세요.

14 날가루가 보이지 않도록 주걱으로 섞어 주세요.

15 우유를 넣고 고루 섞어 반죽을 정리해 주세요.

16 반죽을 짤주머니에 넣어 주세요.

17 파운드틀 바닥(아래쪽)에 사진처럼 반죽을 짜 주세요. (유산지가 움직이지 않아 좋아요.)

18 남은 반죽을 틀에 채운 후 주걱으로 정리해 주세요.

19 그 위로 만들어 놓은 크럼블을 고루 뿌린 후 오븐 175℃에서 30~35분 구워 주세요.

RICE BAKING RECIPE

PART 5

머핀
muffin

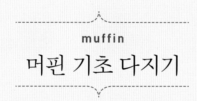

머핀 기초 다지기

머핀을 만들기 전에 준비할 것들

1 가루류는 항상 체에 쳐서 준비해 주세요.

2 오븐을 180℃로 예열해 주세요.

3 달걀의 양이 많을 때는 버터와 분리될 수 있으니 조금씩 나눠 넣어 충분히 섞어 주세요.
  혹시 분리가 되었을 때에는 가루를 약간만 넣고 섞어 주세요.

4 틀에 버터칠을 하거나 유산지를 넣어 주세요.

5 모든 재료는 계량 후 실온에서 30분 정도 두었다가 사용해 주세요.

딸기 머핀

오븐 온도 / 시간 / 보관

오븐 온도 : 170℃

시간 : 20~23분

보관 : 밀봉(opp 봉투 or 밀폐용기)

유통기한 : 상온 1~2일

분량 / 도구 / 재료

분량 : 6개

도구 : 머핀틀(윗지름 6.5cm×높이 4.5cm)

재료 : 버터 62g, 크림치즈 70g, 설탕 75g, 소금 1g, 전란 51g, 생크림 25g, 박력쌀가루 97g,
아몬드가루 36g, 베이킹파우더 7g, 딸기 150g, 슈가파우더 30g

01 딸기는 깨끗이 씻어 물기를 제거한 후 4~6등분해 주세요.

02 볼에 실온의 버터와 크림치즈를 넣어 주세요.

03 버터와 크림치즈를 핸드믹서로 부드럽게 풀어 주세요.

04 버터에 설탕을 넣고 휘핑하여 뽀얗게 되도록 공기 포집을 해 주세요.

05 분량의 달걀을 3~5회에 나눠 넣으며 섞어 주세요. 이때 앞에서 넣은 달걀이 다 섞이면 더 넣어 주세요.

06 체 친 가루를 넣어 주세요.

07 날가루가 보이지 않도록 주걱으로 섞어 주세요.

08 생크림을 넣고 고루 섞어 반죽을 정리해 주세요.

09 반죽을 짤주머니에 넣어 주세요.

10 틀에 유산지를 넣고 반죽을 절반만 채워 주세요.

11 그 위로 딸기 일부를 얹어 주세요.

12 반죽으로 딸기 위를 덮어 주세요.

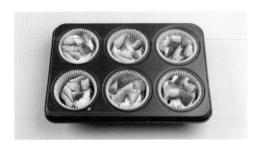

13 딸기를 반죽 위에 다시 한 번 올려 주세요.

14 슈가파우더를 고루 뿌린 후 170℃에서 20~23분 구워 주세요.

오레오 머핀

──── 오븐 온도 / 시간 / 보관 ────

오븐 온도 : 170℃

시간 : 20~23분

보관 : 밀봉(opp 봉투 or 밀폐용기)

유통기한 : 상온 5~6일

──── 분량 / 도구 / 재료 ────

분량 : 6개

도구 : 머핀틀(윗지름 6.5cm×높이 4.5cm)

재료 : 버터 63g, 설탕 49g, 소금 1g, 전란 60g, 생크림 31g, 박력쌀가루 83g, 아몬드가루 27g,

베이킹파우더 7g, 오레오가루 30g, 장식용 오레오 6~8개

01 오레오 과자 부분만 봉투에 넣어 밀대로 밀어 가루를 만들어 주세요.

02 버터를 핸드믹서로 부드럽게 풀어 주세요.

03 버터에 설탕을 넣고 휘핑하여 뽀얗게 되도록 공기 포집을 해 주세요.

04 분량의 달걀을 3~5회에 나눠 넣으며 섞어 주세요.

05 이때 앞에서 넣은 달걀이 다 섞이면 더 넣어 주세요.

06 체 친 가루를 넣고 섞어 주세요.

07 생크림을 넣고 고루 섞어 반죽을 정리해 주세요.

08 반죽에 오레오가루를 넣어 주세요.

09 날가루가 보이지 않도록 주걱으로 섞어 주세요.

10 틀에 유산지를 넣고 반죽을 채워 주세요.

11 그 위로 오레오 과자를 얹고 오븐 170℃에서 20~23 분 구워 주세요.

MUFFIN

3

쌀 달걀빵 머핀

— 오븐 온도 / 시간 / 보관 —

오븐 온도 : 175℃

시간 : 23~25분

보관 : 밀봉(opp 봉투 or 밀폐용기)

유통기한 : 상온 5~6일

— 분량 / 도구 / 재료 —

분량 : 6개

도구 : 머핀틀(윗지름 6.5cm×높이 4.5cm)

재료 : 전란 31g, 설탕 23g, 소금 약간, 박력쌀가루 55g, 베이킹파우더 6g, 버터 12g, 우유 53g

토핑 : 방울토마토 6개, 모짜렐라 치즈 50g, 달걀 6개, 옥수수콘

01 방울토마토는 깨끗이 씻어 반 잘라 준비해 주세요.

02 거품기로 달걀을 가볍게 풀어 주세요.

03 설탕과 소금을 넣고 고루 섞어 주세요.

04 체 친 가루를 넣고 섞어 주세요.

05 녹인 버터와 우유를 넣고 고루 섞어 주세요.

06 짤주머니에 반죽을 넣어 주세요.

07 머핀틀에 버터를 고루 발라 주세요.

08 반죽을 틀에 반쯤 채워 주세요.

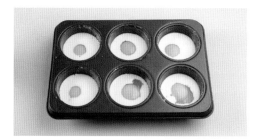

09 달걀을 한 알씩 넣어 주세요.

10 옥수수 콘을 넣어 주세요.

11 모짜렐라 치즈를 넣어 주세요.

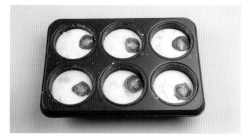

12 남은 반죽을 마저 넣고 토마토를 얹고 오븐 175℃에서 23~25분 구워 주세요.

MUFFIN

4

쑥콩 머핀

──── 오븐 온도 / 시간 / 보관 ────

오븐 온도 : 170℃

시간 : 20~23분

보관 : 밀봉(opp 봉투 or 밀폐용기)

유통기한 : 상온 5~6일

──── 분량 / 도구 / 재료 ────

분량 : 6개

도구 : 머핀틀(윗지름 6.5cm×높이 4.5cm)

재료 : 버터 70g, 설탕 52g, 소금 1g, 전란 70g

콩가루 반죽 : 박력쌀가루 25g, 아몬드가루 25g, 콩가루 8g, 베이킹파우더 3g, 우유 28g

쑥가루 반죽 : 박력쌀가루 28g, 아몬드가루 25g, 쑥가루 2g, 베이킹파우더 3g, 우유 28g

01 버터를 핸드믹서로 부드럽게 풀어 주세요.

02 버터에 설탕을 넣고 휘핑하여 뽀얗게 되도록 공기 포집을 해 주세요.

03 분량의 달걀을 3~5회에 나눠 넣으며 섞어 주세요.

04 달걀이 잘 섞이면 주걱으로 반죽을 정리한 후 절반으로 나눠 주세요.

05 콩가루 반죽 : 체 친 가루를 넣어 주세요.

06 우유를 넣고 고루 섞어 반죽을 정리해 주세요.

07 쑥가루 반죽 : 체 친 가루를 넣어 주세요.

08 우유를 넣고 고루 섞어 반죽을 정리해 주세요.

09 틀에 유산지를 넣고 콩가루 반죽 일부를 넣어 주세요.

10 그 위로 쑥가루 반죽 일부를 넣어 주세요.

11 그 위로 콩가루 반죽과 쑥 반죽을 번갈아 넣어 주세요.

12 이쑤시개로 반죽을 대충 섞고 오븐 170℃에서 20~23분 구워 주세요.

MUFFIN

5

단호박 크림치즈 머핀

―――― 오븐 온도 / 시간 / 보관 ――――

오븐 온도 : 170℃

시간 : 20~23분

보관 : 밀봉(opp 봉투 or 밀폐용기)

유통기한 : 상온 5~6일

―――― 분량 / 도구 / 재료 ――――

분량 : 6개

도구 : 머핀틀(윗지름 6.5cm×높이 4.5cm)

재료

크림치즈 필링 : 크림치즈 70g, 설탕 20g

시나몬 크럼블 : 버터 16g, 설탕 16g, 박력쌀가루 13g, 아몬드가루 17g, 시나몬 1g, 장식용 호박씨 약간

단호박 머핀 반죽 : 버터 65g, 설탕 49g, 소금 1g, 박력쌀가루 113g, 아몬드가루 25g,

찐 단호박 110g, 베이킹파우더 7g, 전란 45g, 생크림 10g

크림치즈 필링

01 크림치즈를 볼에 넣어 주걱으로 부드럽게 풀어 주세요.

02 설탕을 넣고 고루 섞어 주세요.

03 설탕이 다 녹으면 주걱으로 정리해 짤주머니에 넣어 주세요.

시나몬 크럼블

04 볼에 버터, 설탕, 박력쌀가루, 아몬드가루, 시나몬가루를 넣어 주세요.

05 손으로 재료가 고루 섞이도록 버터를 으깨듯 섞어 주세요.

06 재료가 고루 섞이면 손으로 비비듯이 크럼블 형태를 만들어 주세요.

07 만들어진 크럼블은 쓰기 직전까지 냉장 보관해 주세요.

반죽하기

08 버터를 핸드믹서로 부드럽게 풀어 주세요.

09 버터에 설탕을 넣고 휘핑하여 뽀얗게 되도록 공기 포
집을 해 주세요.

10 분량의 달걀을 3~5회에 나눠 넣으며 섞어 주세요.

11 생크림을 넣고 고루 섞어 주세요.

12 체 친 가루를 넣고 섞어 주세요.

13 찐 단호박을 넣고 고루 섞어 주세요. 🍳 단호박은 전자레
인지에 돌려 간편하게 익힐 수 있어요.

14 날가루가 보이지 않도록 주걱으로 섞어 반죽을 정리
해 주세요.

15 틀에 유산지를 넣고 반죽을 넣어 주세요.

16 크림치즈 필링을 반죽 가운데에 짜 주세요.

17 크럼블을 반죽 위에 올려 주세요.

18 호박씨를 뿌린 후 오븐 170℃에서 20~23분 구워 주세요.

PART 6

다쿠아즈

dacquoise

다쿠아즈 기초 다지기

- 다쿠아즈는 마카롱과 함께 프랑스의 대표적인 머랭 과자의 하나예요.

- 다쿠아즈는 달걀흰자에 설탕을 넣어 충분히 거품을 낸 후 아몬드가루나 헤이즐넛가루를 넣어 만들어요.

- 머랭을 충분히 내서 만들기 때문에 밀가루의 글루텐이 꼭 필요한 과자는 아니에요. 그래서 박력쌀가루로 만들어도 완성도가 높고 밀가루보다 조금 더 바삭한 식감으로 즐길 수 있어요.

- 이 책에서는 다쿠아즈 시트를 박력쌀가루와 현미쌀가루를 이용해 구웠어요. 현미쌀가루로 다쿠아즈 시트를 구우면 조금 더 구수한 맛이 나서 매력 있으니 꼭 한 번 만들어 보세요.

- 한국적인 재료인 검정깨, 콩가루 등을 이용한 필링은 현미 다쿠아즈 시트와 조금 더 어울려요.

다쿠아즈를 만들기 전에 준비할 것들

1 가루류는 항상 체에 쳐서 준비해 주세요.
2 오븐을 180℃로 예열해 주세요.
3 머랭을 만들 때에는 설탕을 조금씩 나눠 넣어 주세요.
   -한 번에 넣으면 머랭이 잘 올라오지 않아요.
   -여러 번 나눠 넣으며 거품을 올려야 조밀하고 윤기가 나는 머랭이 만들어져요.
4 다쿠아즈틀에는 물 스프레이를 한 번 뿌려 반죽과 틀이 잘 떨어지도록 준비해 주세요.
5 달걀흰자는 사용하기 전까지 차갑게(냉장) 보관해 주세요.

파타봄브 버터크림

보관 : 냉동

분량 : 통통 다쿠아즈 8쌍(16개)

재료 : 달걀노른자 27g, 설탕 35g, 물 12g, 버터 100g

🖐 파타봄브크림은 적은 양으로 만들면 실패할 확률이 높아요. 레시피의 2배 분량으로
만들어 사용하고 남은 버터크림은 밀폐용기에 래핑하여 냉동 보관하세요.
이후에 쓸 때에는 자연 해동한 뒤 핸드믹서로 부드럽게 풀어서 사용하면 돼요.

01 볼에 달걀노른자, 설탕, 물을 넣어 주세요.

02 중탕으로 달걀이 익지 않도록 휘퍼로 계속 저
어 주며 75~78℃까지 온도를 올려 1분 동안 가
열해 주세요.

03 체에 내려 주세요.

04 볼 바닥을 만졌을 때 미지근할 때까지(30℃가
될 때까지) 핸드믹서 고속으로 휘핑하여 온도
를 낮춰 주세요.

05 실온의 버터를 3~4회에 나눠 넣고 휘핑해 주세
요.

06 주걱으로 고루 섞어 정리해 주세요.

다쿠아즈 시트

오븐 온도 : 170℃

시간 : 15~17분

보관 : 밀봉(밀폐용기에 넣어 냉장 보관)

분량 : 다쿠아즈 8쌍(16개)

재료 : 달걀흰자 105g, 설탕 33g, 아몬드가루 63g, 슈가파우더 50g, 박력쌀가루 17g

01 달걀흰자를 고속으로 휘핑해 주세요.

02 잔거품이 생기면 설탕을 나눠 넣으며 계속 휘핑해 주세요.

03 머랭이 단단해지면 저속으로 낮춰 휘핑하여 조밀하고 단단한 머랭을 만들어 주세요.

04 체 친 가루를 넣고 주걱으로 머랭을 떠올리듯 섞어 주세요.

05 가루가 보이지 않고 반죽에 윤기가 생길 때까지 섞어 주세요. ✋ 너무 오래 섞으면 머랭이 꺼져 반죽의 부피가 줄어들어요

06 짤주머니에 반죽을 넣어 주세요.

07 오븐팬에 다쿠아즈틀을 놓고 물 스프레이를 뿌 려 주세요.

08 틀에 반죽을 빈틈없이 통통하게 짜 주세요.

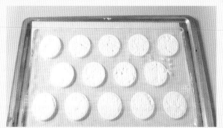

09 스크래퍼를 눕혀 반죽을 밀며 표면을 정리해 주세요. 🎗 스크래퍼를 한 번만 밀어 정리해 주세요. 여러 번 왔다 갔다 하면 머랭이 죽어 다쿠아즈가 단단해져요.

10 틀을 조심스레 들어 올려 빼 주세요.

11 슈가파우더를 고루 뿌려 주세요. 슈가파우더 가 반죽에 흡수되면 다시 한 번 뿌려 주세요.

12 오븐 170℃에서 15~17분 구워 주세요. 오븐팬 에서 충분히 식힌 후 식힘망으로 옮겨 주세요.

현미 다쿠아즈 시트

오븐 온도 : 170℃

시간 : 20~23분

보관 : 밀봉(밀폐용기에 넣어 냉장 보관)

분량 : 통통 다쿠아즈 8쌍(16개)

재료 : 달걀흰자 113g, 설탕 35g, 아몬드가루 68g, 슈가파우더 54g, 건식현미쌀가루 22g

01 달걀흰자를 고속으로 휘핑해 주세요.

02 잔거품이 생기면 설탕을 나눠 넣으며 계속 휘핑해 주세요.

03 머랭이 단단해지면 저속으로 낮춰 휘핑하여 조밀하고 단단한 머랭을 만들어 주세요.

04 체 친 가루를 넣고 주걱으로 머랭을 떠올리듯 섞어 주세요.

05 가루가 보이지 않고 반죽에 윤기가 생길 때까지 섞어 주세요.

06 짤주머니에 반죽을 넣어 주세요.

07 오븐팬에 다쿠아즈틀을 놓고 물 스프레이를 뿌려 주세요.

08 틀에 반죽을 빈틈없이 통통하게 짜 주세요.

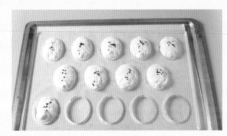

09 검정깨를 뿌려 주세요. (생략 가능)

10 틀을 조심스레 들어 올려 빼 주세요.

11 슈가파우더를 고루 뿌려 주세요. 슈가파우더가 반죽에 흡수되면 다시 한 번 뿌려 주세요.

12 오븐 170℃에서 20~23분 구워 주세요. 오븐팬에서 충분히 식힌 후 식힘망으로 옮겨 주세요.

DACQUOISE

1

검정깨 다쿠아즈

───── 오븐 온도 / 시간 / 보관 ─────

보관 : 밀봉(opp 봉투 or 밀폐용기)

유통기한 : 냉장 5~7일 / 냉동 15일

───── 분량 / 도구 / 재료 ─────

분량 : 8개

도구 : 원형 깍지

재료 : 버터크림 98g, 검정깨가루 36g(or 검정깨 페이스트 20g)

01 버터크림(191쪽 참고)에 검정깨가루를 넣어 주세요.

02 주걱으로 부드럽게 고루 섞어 주세요.

03 깍지를 낀 짤주머니에 넣어 주세요.

04 짝을 맞춘 다쿠아즈 한쪽 면에 크림을 짜 주세요.

05 다쿠아즈 윗면을 덮어 주세요.

06 완성

DACQUOISE

2

인절미 & 쑥 다쿠아즈

──── **오븐 온도 / 시간 / 보관** ────

보관 : 밀봉(opp 봉투 or 밀폐용기)

유통기한 : 냉장 5~7일 / 냉동 15일

──── **분량 / 도구 / 재료** ────

분량 : 8개

도구 : 상투과자 깍지

재료

인절미 다쿠아즈 : 버터크림 70g, 콩가루 7g

쑥 다쿠아즈 : 버터크림 70g, 쑥가루 3g

01 버터크림(191쪽 참고)에 콩가루를 넣어 주세요.

02 주걱으로 부드럽게 고루 섞어 주세요.

03 버터크림(191쪽 참고)에 쑥가루를 넣어 주세요.

04 주걱으로 부드럽게 고루 섞어 주세요.

05 깍지를 낀 짤주머니에 각각 넣어 주세요.

06 짝을 맞춘 다쿠아즈 한쪽 면에 콩가루크림을 짜 주세요.

07 사이사이에 쑥가루크림을 짜 주세요.

08 다쿠아즈 윗면을 덮어 주세요.

DACQUOISE

3

유자 다쿠아즈

—— 오븐 온도 / 시간 / 보관 ——

보관 : 밀봉(opp 봉투 or 밀폐용기)

유통기한 : 냉장 5~7일 / 냉동 15일

—— 분량 / 도구 / 재료 ——

분량 : 8개

도구 : 원형 깍지

재료

유자 가나슈 : 생크림 35g, 유자 초콜릿 35g

유자 버터크림 : 버터크림 72g, 유자 가나슈 35g, 유자 건지 15g

01 생크림에 유자 초콜릿을 넣어 주세요.

02 중탕 혹은 전자레인지에 따뜻하게 돌려 매끄럽게 섞어 유자 가나슈를 만들어 주세요.

03 버터크림(191쪽 참고)에 유자 가나슈와 유자 건지를 넣어 주세요.

04 핸드믹서로 부드럽게 고루 섞어 주세요.

05 깍지를 낀 짤주머니에 각각 넣어 주세요.

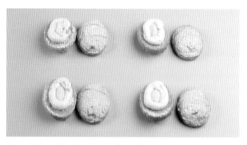

06 짝을 맞춘 다쿠아즈 한쪽 면에 유자 버터크림을 짠 후 가운데에는 남은 유자 가나슈를 짜 주세요.

07 가운데 유자 가나슈 윗부분에 남은 유자 버터크림을 짜 주세요.

08 다쿠아즈 윗면을 덮어 주세요.

오레오 다쿠아즈

────────── 오븐 온도 / 시간 / 보관 ──────────

보관 : 밀봉(opp 봉투 or 밀폐용기)

유통기한 : 냉장 5~7일 / 냉동 15일

────────── 분량 / 도구 / 재료 ──────────

분량 : 8개

도구 : 원형 깍지

재료 : 버터 48g, 크림치즈 59g, 슈가파우더 6g, 오레오가루 18g, 오레오 과자 6~8개

01 볼에 실온의 버터와 크림치즈, 슈가파우더, 오레오가
루를 넣어 주세요.

02 핸드믹서로 부드럽게 고루 섞어 주세요.

03 깍지를 낀 짤주머니에 넣어 주세요.

04 짝을 맞춘 다쿠아즈 한쪽 면에 크림을 짜 주세요.

05 그 위로 오레오 과자를 올리고 크림을 살짝만 짜 주
세요.

06 다쿠아즈 윗면을 덮어 주세요.

PART 7

구움찰떡

grilled rice cake

grilled rice cake

구움찰떡 기초 다지기

- 구움찰떡은 찹쌀가루를 묽게 반죽해서 오븐에 구워 만들어요.

- 떡의 유통기한은 보통 하루로 시간이 지나면 딱딱해지는 반면 오븐에 구워 내는 구움 찰떡은 상온에서 2~3일 정도 보관할 수 있어요.

- 수분감 있는 가루로 구워 내기 때문에 완성된 구움찰떡은 냉동실에 보관했다가 자연 해동 혹은 전자레인지에 30초 정도 데우면 맛있게 즐길 수 있어요.

- 건식 찹쌀가루로도 만들 수 있으나 이 책에서는 습식 찹쌀가루를 사용했어요. 물에 불렸다가 빻은 가루가 촉촉하기 때문에 완성된 구움찰떡이 더 부드럽고 말랑거려요. 습식 찹쌀가루는 베이킹 사이트 혹은 동네 떡집에서 구할 수 있어요.

- 집에서 찹쌀을 불려 빻아 만들 수도 있어요. 완성된 습식 찹쌀가루는 꼭 냉동 보관하세요.

구움찰떡을 만들기 전에 준비할 것들

1 가루류는 항상 체에 쳐서 준비해 주세요.
2 오븐을 170℃로 예열해 주세요.
3 틀에 버터칠을 하거나 포도씨유를 발라 주세요.
4 초콜릿은 중탕 혹은 전자레인지로 녹여 주세요. (전자레인지로 녹일 때는 30초 단위로 돌려 타지 않도록 조심해 주세요.)
5 찹쌀가루는 '습식 찹쌀가루'를 사용하세요.
6 습식 찹쌀가루는 냉동 보관하고, 사용할 때는 미리 꺼내 놓아 찬기가 가신 다음에 사용하세요.
7 완성된 구움찰떡은 실온에서 1~2일 보관 가능해요. 냉동 보관 후에는 자연 해동 혹은 전자레인지에 30초 정도 데워 주세요.

습식 찹쌀가루 만들기

분량 : 찹쌀가루 1kg

재료 : 찹쌀 720g, 소금 11~12g(불린 찹쌀 1kg 기준)

* 방앗간에서 빻을 때에는 그곳에서 넣어 주므로 소금 생략

01 쌀은 물에 2~3회 씻어 깨끗이 준비해 주세요.

02 깨끗이 씻은 쌀에 물을 넉넉히 부어 4~8시간 이상 불려 주세요.

03 불린 쌀은 체에 밭쳐 물기를 빼 주세요.

04 물기를 뺀 쌀을 방앗간(떡집)에 가져가서 쌀가루로 빻아 주세요. 🥄 쌀을 빻을 때에는 꼭 '소금간'을 해 달라고 말해 주세요.

05 빻아 온 쌀은 한 번 사용할 분량으로 소분한 후 냉동 보관하세요. 🥄 습식 찹쌀가루는 베이킹몰에서도 팔아요. 직접 빻지 않을 경우 인터넷에서 습식 찹쌀가루로 검색해서 준비해 주세요.

GRILLED RICE CAKE

1

찰떡 브라우니

오븐 온도 / 시간 / 보관

오븐 온도 : 170℃

시간 : 17~19분

보관 : 밀봉(opp 봉투 or 밀폐용기)

유통기한 : 상온 1~2일

분량 / 도구 / 재료

분량 : 16개

도구 : 사각 뿌찌틀(가로 5cm×세로 5cm×높이 2cm)

재료

반죽 : 달걀 50g, 설탕 70g, 우유 80g, 생크림 20g, 습식 찹쌀가루 200g, 코코아가루 15g,

베이킹파우더 3g, 포도씨유 15g, 다크 초콜릿 65g, 호두분태 50g

장식 : 시판 로투스 쿠키 8~10개

01 틀에 버터(분량 외)를 고루 칠해 주세요. 🥄 포도씨유를 발라도 괜찮아요.

02 초콜릿은 중탕 혹은 전자레인지로 녹여 주세요.
🥄 초콜릿을 전자레인지로 녹일 때는 30초 단위로 돌려 타지 않도록 조심해 주세요.

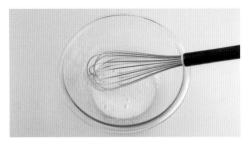

03 볼에 달걀과 설탕을 넣고 고루 섞어 주세요.

04 우유와 생크림을 넣고 섞어 주세요.

05 체 친 가루(습식 찹쌀가루, 코코아가루, 베이킹파우더)를 넣고 고루 섞어 주세요.

06 포도씨유를 넣고 고루 섞어 주세요.

07 중탕한 초콜릿을 넣고 섞어 주세요.

08 초콜릿이 굳기 전에 휘퍼로 고루 섞어 주세요.

09 호두를 넣고 고루 섞어 주세요.

10 주걱으로 반죽을 정리한 뒤 짤주머니에 넣어 주세요.

11 틀에 반죽을 채워 주세요.

12 그 위로 로투스 쿠키를 올리고 오븐 170℃에서 17~19분 구워 주세요.

GRILLED RICE CAKE

2

단호박 구움찰떡

——— 오븐 온도 / 시간 / 보관 ———

오븐 온도 : 170℃

시간 : 17~19분

보관 : 밀봉(opp 봉투 or 밀폐용기)

유통기한 : 상온 1~2일

——— 분량 / 도구 / 재료 ———

분량 : 11~12개

도구 : 사각 뿌찌틀(가로 5cm×세로 5cm×높이 2cm)

재료

반죽 : 달걀 47g, 설탕 36g, 우유 45g, 찐 단호박 100g, 습식 찹쌀가루 120g, 베이킹파우더 2g,

호두분태 30g, 아몬드 슬라이스 20g, 팥배기 30g, 완두배기 30g

장식 : 단호박 약간

01 틀에 버터칠을 고루 해 주세요.

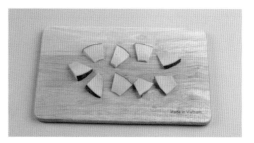

02 장식용 단호박을 5~7mm 두께로 썰어 주세요.

03 전자레인지에 30초 정도만 돌려 살짝 익혀 주세요.

04 단호박은 전자레인지나 찜기에 쪄서 으깨 주세요.

05 볼에 달걀과 설탕을 넣고 고루 섞어 주세요.

06 우유를 넣고 섞어 주세요.

07 으깬 단호박을 넣고 고루 섞어 주세요.

08 체 친 가루를 넣고 고루 섞어 주세요.

09 견과류를 넣고 고루 섞어 주세요.

10 주걱으로 반죽을 정리한 뒤 짤주머니에 넣어 주세요.

11 틀에 반죽을 채워 주세요.

12 그 위로 장식용 단호박을 올리고 오븐 170℃에서 17~19분 구워 주세요.

GRILLED RICE CAKE

3

쑥&팥 구움찰떡

───── 오븐 온도 / 시간 / 보관 ─────

오븐 온도 : 170℃

시간 : 23~25분

보관 : 밀봉(opp 봉투 or 밀폐용기)

유통기한 : 상온 1~2일

───── 분량 / 도구 / 재료 ─────

분량 : 6개

도구 : 머핀틀(윗지름 6.5cm×높이 4.5cm)

재료

크럼블 : 버터 25g, 설탕 25g, 아몬드 25g, 쌀가루 15g, 콩가루 5g

반죽 : 달걀 50g, 설탕 70g, 우유 100g, 습식 찹쌀가루 190g, 쑥가루 3g, 베이킹파우더 2g,

호두분태 30g, 호박씨 20g, 아몬드 슬라이스 20g

필링 : 통팥앙금 120g

크럼블

01 볼에 실온의 버터, 설탕, 쌀가루, 아몬드가루, 콩가루를 넣고 손으로 재료가 고루 섞이도록 으깨듯 섞어 주세요.

02 재료가 고루 섞이면 손으로 비비듯이 크럼블 형태를 만들고 만들어진 크럼블은 쓰기 직전까지 냉장 보관해 주세요.

03 머핀틀에 버터칠을 고루 해 주세요.

04 앙금은 20g씩 소분하여 동그랗게 빚어 주세요.

쑥 & 팥 반죽

05 볼에 달걀과 설탕을 넣고 고루 섞어 주세요.

06 우유를 넣고 섞어 주세요.

07 체 친 가루를 넣어 주세요. (쑥가루는 체에 남은 것도 모두 넣어 주세요.)

08 반죽을 고루 섞어 주세요.

09 견과류를 넣고 고루 섞어 주세요.

10 주걱으로 반죽을 정리한 뒤 짤주머니에 넣어 주세요.

11 틀에 반죽을 절반만 채워 주세요.

12 그 위로 앙금을 얹어 주세요.

13 반죽으로 앙금 위를 덮어 주세요.

14 크럼블을 고루 뿌린 후 오븐 170℃에서 20~23분 구워 주세요.

GRILLED RICE CAKE
4

말차 찰떡 브라우니

———— **오븐 온도 / 시간 / 보관** ————

오븐 온도 : 170℃

시간 : 23~25분

보관 : 밀봉(opp 봉투 or 밀폐용기)

유통기한 : 상온 1~2일

———— **분량 / 도구 / 재료** ————

분량 : 8개

도구 : 오발틀(가로 7.5cm×세로 5.5cm×높이 3.5cm)

재료

반죽 : 달걀 47g, 설탕 50g, 우유 75g, 연유 30g, 포도씨유 15g, 화이트 초콜릿 125g,

말차가루 8g, 습식 찹쌀가루 200g, 베이킹파우더 3g

토핑 : 아몬드 슬라이스 50g

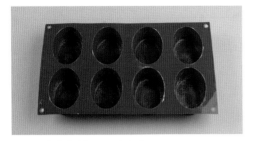

01 틀에 버터칠을 고루 해 주세요.

02 초콜릿은 중탕 혹은 전자레인지로 녹여 주세요.
🥄 초콜릿을 전자레인지로 녹일 때는 30초 단위로 돌려 타지 않도록 조심해 주세요.

03 녹은 화이트 초콜릿에 체 친 말차가루를 넣고 고루 섞어 주세요.

04 볼에 달걀과 설탕을 넣고 고루 섞어 주세요.

05 달걀에 3(화이트 초콜릿+말차가루)를 넣고 섞어 주세요.

06 우유와 생크림, 포도씨유를 넣고 섞어 주세요.

07 체 친 가루를 넣고 고루 섞어 주세요.

08 주걱으로 반죽을 정리한 후 짤주머니에 넣어 주세요.

09 틀에 반죽을 채워 주세요.

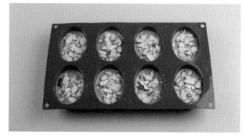

10 그 위로 아몬드 슬라이스를 올리고 오븐 170℃에서 23~25분 구워 주세요.

11 뿌찌틀에 구워도 좋아요.

GRILLED RICE CAKE

5

모카 구움찰떡

───── 오븐 온도 / 시간 / 보관 ─────

오븐 온도 : 170℃

시간 : 17~19분

보관 : 밀봉(opp 봉투 or 밀폐용기)

유통기한 : 상온 1~2일

───── 분량 / 도구 / 재료 ─────

분량 : 11~12개

도구 : 원형 뿌찌틀(지름 5cm×높이 2cm)

재료

반죽 : 달걀 50g, 설탕 70g, 우유 50g, 습식 찹쌀가루 200g, 인스턴트커피가루 2g,

베이킹파우더 2g, 호두 50g, 밀크 초콜릿 6개

헤이즐넛 캐러멜라이즈 : 설탕 25g, 물 10g, 헤이즐넛 35g, 버터 5g

헤이즐넛 캐러멜라이즈

01 설탕과 물을 팬에 넣고 강불로 끓여 주세요.

02 시럽이 끓으면 약불로 낮추고 헤이즐넛을 넣어 하얀 결정이 생기기 시작하면 계속 저어 볶아 주세요.

03 결정이 완전히 녹아 캐러멜 상태가 되면 버터를 넣고 고루 버무린 후 불을 꺼 주세요.

04 테프론 시트에 붓고 주걱이나 포크를 이용해 빠르게 떼어 내 서로 달라붙지 않게 잘 펼쳐 주세요.

반죽하기

05 틀에 버터칠을 고루 해 주세요.

06 볼에 달걀과 설탕을 넣고 고루 섞어 주세요.

07 우유를 넣고 섞어 주세요.

08 체 친 가루를 넣고 고루 섞어 주세요.

09 견과류를 넣고 고루 섞어 주세요.

10 주걱으로 반죽을 정리한 뒤 짤주머니에 넣어 주세요.

11 틀에 반죽을 반쯤 채우고 초콜릿을 넣어 주세요.

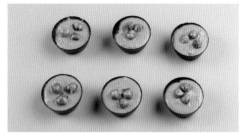

12 그 위로 반죽을 짜고 장식용 헤이즐넛을 올리고 오븐 170℃에서 17~19분 구워 주세요.

RICE BAKING RECIPE

PART 8

타르트

tarte

tarte

타르트 기초 다지기

- 타르트 반죽은 파트 사브레, 파트 슈크레, 파트 푀이타주, 파트 브리제 등 여러 가지가 있어요.

- 이 책에서 타르트 반죽은 파트 사브레(pâte sable)로 만들었어요. 프랑스어로 pâte는 '반죽', sable는 '모래'라는 뜻이에요.

- 파트 사브레는 버터의 함량이 많아 가볍고 부드러운 느낌이에요. 반죽의 이름 그대로 모래처럼 부서지는 식감이에요.

- 쌀가루는 밀가루보다 입자가 굵고 글루텐이 없어서 부드러운 식감의 파트 사브레로 만들었어요.

- 이 책의 레시피는 버터의 양이 많고 가루의 양이 적어 타르트틀에 반죽을 넣어 펴기가 쉽지 않아요. 반죽을 꼭 차갑게 휴지시켜 밀고, 민 반죽이 부드러울 경우에는 다시 한 번 냉장실에 넣어 차갑게 만들어 준 후 타르트틀에 펴 주세요.

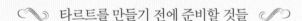 타르트를 만들기 전에 준비할 것들

1 가루류는 항상 체에 쳐서 준비해 주세요.
2 버터는 실온 상태의 버터를 사용해 주세요. (크림법으로 만들 거예요.)
3 다 된 반죽은 냉장실에서 최소 1시간 이상 휴지시켜 주세요.
4 모든 재료는 계량 후 실온에서 30분 정도 두었다가 사용해 주세요.

↶ 알아두면 좋은 단어 ↷

• 퐁세(foncer) : 프랑스어로 foncer는 '틀에 반죽을 깔아 준다.'라는 뜻이에요.

• 파트 슈크레(pâte sucrée) : 프랑스어로 sucrée는 '설탕'이라는 뜻이에요. 반죽에 설탕이 많이 들어가 과자처럼 바삭한 식감을 가지고 있어요.

• 파트 푀이타주(pâte feuilletage) : 프랑스어로 feuilletage는 '나뭇잎'이라는 뜻이에요. 밀 가루에 소금물을 넣고 반죽한 다음 버터를 넣고, 접고 밀어 펴서 반죽이 층층이 겹을 이루어 나뭇잎처럼 겹쳐 쌓여 있어요. 그래서 식감이 바스러지는 듯해요.

• 파트 브리제(pâte brisee) : 타르트 등의 바닥용 반죽으로 쓰여요. 브리제를 만들 때는 글루텐이 생기지 않도록 반죽하여 바삭한 식감을 내는 것이 특징이에요.

타르트지 만들기

분량 : 4개

크기 : 지름 6.5cm×높이 2cm

재료 : 버터 56g, 슈가파우더 35g, 소금 1g, 전란 18g, 박력쌀가루 81g, 아몬드가루 15g

01 실온의 버터를 핸드믹서 저속으로 부드럽게 풀어 주세요.

02 버터에 슈가파우더와 소금을 넣고 휘핑하여 뽀얗게 되도록 공기 포집을 해 주세요.

03 분량의 달걀을 3~5회에 나눠 넣으며 섞어 주세요.

04 체 친 가루를 넣어 주세요.

05 가루를 잘 섞어 한 덩어리로 만들어 주세요.

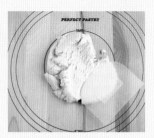

06 작업대(실리콘 매트) 위로 반죽을 올려 주세요.

07 손바닥으로 반죽을 힘을 주어 밀어 펴 주세요.

08 반죽이 매끄러워질 때까지 밀어 폈다가 모았다를 반복해 주세요.

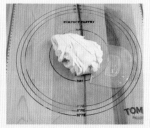

09 반죽을 한 덩어리로 뭉쳐 주세요.

10 랩으로 감싸 냉장실에서 1시간 이상 휴지시켜 주세요.

🌡 버터의 배합이 많은 레시피라 반죽이 금방 부드러워질 수 있어요. 밀어 편 다음 냉장실에 넣어 차갑게 만들어 주세요.

11 바닥에 덧가루(분량 외 박력쌀가루)를 깔고 반죽을 2.5~3mm 두께로 밀어 펴 주세요. 🌡 바닥에 붙을 수 있으니 덧가루를 넉넉히 깔아 주세요.

12 타르트틀보다 4~5cm 여유 있게 원형틀로 찍어 주세요.

🌡 틀의 가장자리 높이를 생각해서 틀의 지름보다 여유 있게 원형틀로 잘라 주세요.

13 타르트틀 위에 반죽을 올려 주세요.

14 반죽을 틀 안에 꼼꼼하게 밀착시켜 주세요.

15 틀 위로 나온 반죽을 잘라 주세요.

16 포크로 타르트지 바닥면을 고루 찍어 주세요.

캐러멜 너트 타르트

──────── **오븐 온도 / 시간 / 보관** ────────

오븐 온도 : 170℃

시간 : 14~17분

보관 : 밀봉(opp 봉투 or 밀폐용기)

유통기한 : 상온 2~3일

──────── **분량 / 도구 / 재료** ────────

분량 : 4개

도구 : 타르트틀(지름 6.5cm×높이 2cm)

재료

캐러멜소스 : 설탕 95g, 생크림 58g, 버터 10g

견과류 : 피칸 120g, 캐슈넛 120g, 헤이즐넛 120g, 피스타치오 120g

01 견과류는 팬에 올려 오븐 170℃에서 10분 구워 주세요.

02 타르트지(236쪽 참고)를 만든 후 유산지를 깔고 누름돌(콩이나 쌀) 을 올려 오븐 170℃에서 14~17분 구운 후 식혀서 준비해 주세요.

03 생크림은 전자레인지에 돌려 따뜻하게 해 주세요.
🥄 캐러멜화된 설탕에 차가운 생크림이 들어가면 설탕이 뾰족하게 결정화되면서 사방으로 튈 수 있어 위험하니 꼭 따뜻하게 데워 넣어 주세요.

04 분량의 설탕 중 1/5 정도만 팬에 넣어 주세요. 설탕은 4~5회에 나눠 넣어 주어요.

05 약불로 설탕을 가열해 주세요. 🥄 설탕을 태울 때에는 약불로 색을 보아 가며 조심스럽게 끓여 주세요.

06 설탕의 가장자리가 타기 시작하면 설탕을 조금 더 넣어 주세요.

07 팬을 흔들어 설탕이 고루 타게 한 후 설탕을 조금 더 넣어 주세요.

08 가장자리가 더 타기 시작하면 마지막으로 설탕을 전부 넣어 주세요.

09 갈색빛이 돌도록 설탕을 전부 태워 주세요. 까맣게
타지 않도록 주의해 주세요.

10 따뜻하게 데운 생크림을 전부 넣어 주세요.

11 주걱으로 저어 주세요.

12 거품이 가라앉고 매끈해질 때까지 저어 주세요.

13 버터를 넣어 주세요.

14 주걱으로 팬의 가장자리를 깨끗이 정리해 주세요.

15 로스팅한 견과류를 넣고 고루 섞어 주세요.

16 구워 놓은 타르트지에 견과류와 캐러멜소스를 함께
넣어 주세요.

TARTE

2

밤 타르트

오븐 온도 / 시간 / 보관

오븐 온도 : 170℃

시간 : 18~20분

보관 : 밀봉(opp 봉투 or 밀폐용기)

유통기한 : 상온 2~3일

분량 / 도구 / 재료

분량 : 4개

도구 : 타르트틀(지름 6.5cm×높이 2cm), 몽블랑 팁(234번)

재료

체스트넛 아몬드크림 : 버터 18g, 설탕 18g, 전란 18g, 아몬드가루 15g,

박력쌀가루 3g, 체스트넛 페이스트 35g, 보늬밤 10개(필링용 8개 / 장식용 2개)

체스트넛크림 : 버터 12g, 체스트넛 페이스트 85g, 럼주 3g

242

01 보늬밤 8개는 잘게 썰어 주세요.

02 실온의 버터를 핸드믹서 저속으로 부드럽게 풀어 주세요.

03 버터에 슈가파우더를 넣고 휘핑하여 섞어 주세요.

04 분량의 달걀을 2~3회에 나눠 넣으며 섞어 주세요.

05 체 친 가루를 넣어 주세요.

06 가루가 보이지 않을 때까지 고루 섞어 주세요.

07 6의 아몬드크림에 체스트넛 페이스트를 넣어 섞어 주세요.

08 체스트넛 아몬드크림을 짤주머니에 넣어 주세요.

09 타르트지(236쪽 참고)를 틀에 넣어 포크로 바닥면을 고루 찍은 뒤 체스트넛 아몬드크림을 짜 주세요.

10 잘라 둔 보늬밤을 넣고 오븐 170℃에서 18~20분 구워 주세요.

체스트넛크림

11 버터를 부드럽게 풀어 주세요.

12 체스트넛 페이스트를 넣고 뽀얗게 되도록 휘핑해 주세요.

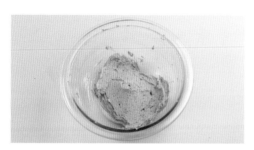 

13 럼주를 넣고 주걱으로 섞은 뒤 정리해 주세요.

14 몽블랑 깍지를 낀 짤주머니에 체스트넛크림을 넣어 주세요.

15 구운 후 식힌 타르트 위에 크림을 짜 주세요.

16 장식용으로 남겨 둔 보늬밤을 반 자른 후 타르트 가운데에 올려 주세요.

TARTE

3

블루베리 타르트

오븐 온도 / 시간 / 보관

오븐 온도 : 170℃

시간 : 20~22분

보관 : 밀봉(opp 봉투 or 밀폐용기)

유통기한 : 상온 2~3일

분량 / 도구 / 재료

분량 : 4개

도구 : 타르트틀(지름 6.5cm×높이 2cm)

재료

크럼블 : 버터 20g, 설탕 20g, 박력쌀가루 20g, 아몬드가루 20g

아몬드크림 : 버터 25g, 슈가파우더 25g, 전란 25g, 아몬드가루 22g, 박력쌀가루 3g, 블루베리 약 40개

크럼블

01 볼에 버터, 설탕, 박력쌀가루, 아몬드가루를 넣어 주
세요.

02 손으로 재료가 고루 섞이도록 버터를 으깨듯 섞어 주
세요.

03 재료가 고루 섞이면 손으로 비비듯이 크럼블 형태를
만들어 주세요.

04 만든 크럼블은 쓰기 직전까지 냉장 보관해 주세요.

타르트

05 블루베리는 깨끗이 씻어 주세요.

06 실온의 버터를 핸드믹서 저속으로 부드럽게 풀어 주
세요.

07 버터에 슈가파우더를 휘핑하여 섞어 주세요.

08 분량의 달걀을 2~3회에 나눠 넣으며 섞어 주세요.

09 체 친 가루를 넣어 주세요.

10 가루가 보이지 않을 때까지 고루 섞어 주세요.

11 아몬드크림을 짤주머니에 넣어 주세요.

12 타르트 반죽(236쪽 참고)을 틀에 넣은 후 포크로 바닥면을 고루 찍어 주세요.

13 아몬드크림은 틀의 80% 정도만 짜 주세요. 🍒 블루베리가 들어가면 넘칠 수 있어요.

14 주걱으로 아몬드크림을 평평하게 정리해 주세요.

15 블루베리를 넣어 주세요.

16 크럼블을 올리고 오븐 170℃에서 20~22분 구워 주세요.

249

TARTE

4

초코 타르트

───────── 오븐 온도 / 시간 / 보관 ─────────

오븐 온도 : 170℃

시간 : 14~16분

보관 : 밀봉(opp 봉투 or 밀폐용기)

유통기한 : 상온 2~3일

───────── 분량 / 도구 / 재료 ─────────

분량 : 4개

도구 : 타르트틀(지름 6.5cm×높이 2cm)

재료

필링 : 밀크 초콜릿 5g, 버터 4g, 헤이즐넛 플라린 43g, 포요틴 18g

가나슈 : 생크림 35g, 다크 초콜릿 40g, 물엿 5g, 설탕 5g, 버터 5g

01 타르트지(236쪽 참고)를 만든 후 유산지를 깔고 누름돌(콩이나 쌀)을 올려 오븐 170℃에서 14~16분 구운 후 식혀서 준비해 주세요.

필링

02 밀크 초콜릿을 전자레인지로 녹인 후 실온의 버터를 넣고 고루 섞어 주세요.

03 헤이즐넛 플라린에 2의 초콜릿을 넣어 주세요.

04 주걱으로 고루 섞어 주세요.

05 포요틴을 넣고 섞어 주세요. 🥄 포요틴은 미리 섞어 둘 경우 눅눅해질 수 있으니 사용하기 직전에 섞어 주세요.

가나슈

06 볼에 생크림과 초콜릿을 넣고 중탕 혹은 전자레인지로 따뜻하게 녹여 주세요.

07 생크림과 초콜릿을 고루 섞은 후 설탕과 물엿을 넣고 섞어 주세요.

08 버터를 넣고 섞어 주세요.

09 윤기가 나도록 고루 섞어 주걱으로 정리해 주세요.

10 가나슈를 짤주머니에 넣어 주세요.

11 다르트지에 5에서 만든 필링을 넣어 주세요.

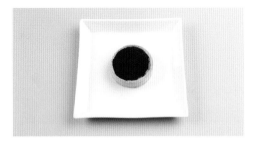

12 그 위로 가나슈를 넣은 후 차갑게 굳혀 드세요.

TARTE

5

피칸 타르트

오븐 온도 / 시간 / 보관

오븐 온도 : 170℃

시간 : 20~22분

보관 : 밀봉(opp 봉투 or 밀폐용기)

유통기한 : 상온 2~3일

분량 / 도구 / 재료

분량 : 4개

도구 : 타르트틀(지름 6.5cm×높이 2cm)

재료 : 전란 63g, 비정제 설탕 40g, 조청 36g, 버터 17g, 계피가루 1g, 피칸 110g

01 피칸은 3~4등분으로 잘라 팬에 올려 오븐 170℃에서 10분 구워 주세요.

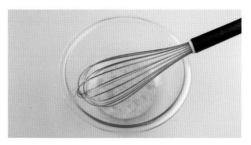

02 전란을 거품기로 풀어 주세요.

03 비정제 설탕과 조청을 넣고 고루 섞어 주세요.

04 따뜻하게 녹인 버터를 넣어 주세요.

05 계피가루를 넣고 섞어 주세요.

06 로스팅한 피칸을 넣고 고루 섞어 주세요.

07 타르트지(236쪽 참고)를 틀에 넣어 꼼꼼하게 밀착시킨 후 포크로 바닥면을 고루 찍어 주세요.

08 6에서 만든 피칸 필링을 넣어 오븐 170℃에서 20~22분 구워 주세요.

PART 9

스콘

scone

스콘 기초 다지기

- 스콘은 영국식 퀵 브레드의 일종으로 밀가루 반죽에 베이킹파우더나 베이킹소다를 넣어 만들어요.

- 영국에서는 티타임에 홍차와 함께 스콘에 잼, 과일, 크림들을 곁들여 먹어요.

- 이 책에서는 박력쌀가루로 스콘을 만들기 때문에 글루텐이 없어 식감이 조금 텁텁해요. 하지만 달콤한 과일잼과 함께 먹으면 맛있게 즐길 수 있어요.

스콘을 만들기 전에 준비할 것들

1 버터는 가로 1cm×세로 1cm 크기로 잘라 차갑게 준비해 주세요.
2 푸드프로세서가 없다면 스크래퍼로 자르듯이 반죽하여 만들 수 있어요.
3 버터, 생크림, 우유, 요거트, 달걀 등의 재료는 모두 차갑게 보관한 후 사용해 주세요.
4 스콘의 모양은 정해져 있지 않으니 취향대로 만들어 주세요.
5 만들어진 스콘을 냉동 보관한 경우에는 따뜻하게 데우면 맛있게 즐길 수 있어요.

SCONE

플레인 스콘

───── 오븐 온도 / 시간 / 보관 ─────

오븐 온도 : 175℃

시간 : 18~20분

보관 : 밀봉(opp 봉투 or 밀폐용기)

유통기한 : 상온 2~3일

───── 분량 / 재료 ─────

분량 : 6개

재료 : 버터 65g, 박력쌀가루 137g, 아몬드가루 32g, 설탕 35g, 소금 1g,

베이킹파우더 7g, 생크림 56g, 달걀노른자 30g

01 푸드프로세서에 버터, 박력쌀가루, 아몬드가루, 설탕, 소금, 베이킹파우더를 넣어 주세요.

02 버터가 쌀알 크기가 되도록 푸드프로세서를 돌려 주세요.

03 반죽을 볼에 넣어 주세요.

04 반죽 가운데에 홈을 판 후 생크림, 달걀노른자를 넣어 주세요.

05 스크래퍼로 자르듯이 고루 섞어 주세요.

06 반죽을 스크래퍼로 반 잘라 주세요.

07 위의 반죽을 다시 겹쳐 주세요.

08 다시 한 번 스크래퍼로 잘라 주세요.

09 다시 위의 반죽을 겹쳐 주세요.

10 반죽을 비닐에 넣어 냉장실에서 1~6시간 정도 휴지
시켜 주세요.

11 반죽을 꺼내 6등분해 주세요.

12 팬에 팬닝한 후 달걀물을 바르고 오븐 175℃에서
18~20분 구워 주세요.

SCONE

2

유자 스콘

──── 오븐 온도 / 시간 / 보관 ────

오븐 온도 : 175℃

시간 : 18~20분

보관 : 밀봉(opp 봉투 or 밀폐용기)

유통기한 : 상온 2~3일

──── 분량 / 재료 ────

분량 : 6개

재료 : 버터 68g, 박력쌀가루 132g, 아몬드가루 30g, 설탕 31g, 소금 1g,

베이킹파우더 7g, 달걀노른자 17g, 생크림 47g, 유자 건지 75g

01 유자청을 체에 밭쳐 건지와 청으로 분리해 주세요.

02 푸드프로세서에 버터, 박력쌀가루, 아몬드가루, 설탕, 소금, 베이킹파우더를 넣어 주세요.

03 버터가 쌀알 크기가 되도록 푸드프로세서를 돌려 주세요.

04 반죽을 볼에 넣어 주세요.

05 반죽 가운데에 홈을 판 후 생크림, 달걀노른자를 넣어 주세요.

06 스크래퍼로 자르듯이 고루 섞어 주세요.

07 유자 건지를 넣어 주세요.

08 유자 건지와 반죽을 고루 섞어 주세요.

09 반죽을 2~2.5cm 두께로 민 후 비닐에 넣어 냉장실에서 1~6시간 정도 휴지시켜 주세요.

10 반죽을 꺼내 원형틀로 찍어 팬에 팬닝해 주세요.

11 달걀물을 바르고 오븐 175℃에서 18~20분 구워 주세요.

SCONE

3

팥앙금 스콘

──── 오븐 온도 / 시간 / 보관 ────

오븐 온도 : 175℃

시간 : 20~23분

보관 : 밀봉(opp 봉투 or 밀폐용기)

유통기한 : 상온 2~3일

──── 분량 / 재료 ────

분량 : 10개

재료 : 버터 65g, 박력쌀가루 174g, 아몬드가루 25g, 설탕 38g, 소금 1g,

베이킹파우더 7g, 생크림 63g, 달걀노른자 18g, 팥앙금 120g

01 푸드프로세서에 버터, 박력쌀가루, 아몬드가루, 설탕, 소금, 베이킹파우더를 넣어 주세요.

02 버터가 쌀알 크기가 되도록 푸드프로세서를 돌려 주세요.

03 반죽을 볼에 넣어 주세요.

04 반죽 가운데에 홈을 판 후 생크림, 달걀노른자를 넣어 주세요.

05 스크래퍼로 자르듯이 고루 섞어 주세요.

06 반죽을 스크래퍼로 반 잘라 주세요.

07 위의 반죽을 다시 겹쳐 주세요.

08 반죽에 팥앙금을 넣고 스크래퍼로 자르듯 섞어 주세요.

09 팥앙금과 반죽이 80% 정도 섞이도록 해 주세요.

10 스쿱(지름 5cm)으로 간격을 두고 팬에 팬닝해 주세요.

11 달걀물을 바르고 오븐 175℃에서 20~23분 구워 주세요.

디저트 카페에서 만나는 구움과자를
집에서도 제대로 구울 수 있다!

홈베이킹으로 구운 맛있는 과자 레시피 49

"나는 왜 예쁜 모양이 안 나올까?"
"내 오븐으로는 몇 도, 몇 분으로 구워야 하지?"
"휘핑은 어느 정도까지 해야 하지?"

브리첼 서귀영 지음 | 244쪽 | 14,800원

직접 만든 버터크림으로 케이크에 꽃을 피우다!

감각적인 디자인으로 유명한 메종올리비아의
플라워케이크 시크릿 레시피 공개 ———

17만 명 인스타그램
팔로워가 좋아하는
메종올리비아의
버터크림 플라워케이크

김혜정 지음 | 값 23,500원